H. Franeck

Klausurtraining
Technische Mechanik

Klausurtraining
Technische Mechanik

Von Prof. Dr. rer. nat. habil. Heinzjoachim Franeck
Technische Universität Bergakademie Freiberg

B. G. Teubner Stuttgart · Leipzig · Wiesbaden

Prof. Dr. rer. nat. habil. Heinzjoachim Franeck

Geboren 1930 in Görlitz/Schlesien. Ab 1950 Studium des Bauingenieurwesens an der Technischen Hochschule Dresden. Diplom 1956. Von 1956 bis 1959 wissenschaftlicher Assistent an der Bergakademie Freiberg. Promotion 1959. Von 1959 bis 1969 wissenschaftlicher Mitarbeiter an der Bergakademie Freiberg. 1969 Habilitation in Freiberg. Von 1969 bis 1990 Hochschuldozent für Kinematik und Kinetik. 1990 Ernennung zum außerordentlichen Professor. 1992 Berufung zum Univ.-Professor für Festkörpermechanik an der Technischen Universität Bergakademie Freiberg. 1998 Eintritt in den Ruhestand.

Die Deutsche Bibliothek – CIP-Einheitsaufnahme
Ein Titeldatensatz für diese Publikation ist bei
Der Deutschen Bibliothek erhältlich

1. Auflage September 2000

www.teubner.de

Umschlaggestaltung: Peter Pfitz, Stuttgart

ISBN-13:978-3-519-00261-1   e-ISBN-13:978-3-322-80014-5
DOI: 10.1007/978-3-322-80014-5

Vorwort

Es ist eine altbekannte Tatsache, daß man die *Technische Mechanik* trotz guter theoretischer Kenntnisse in erster Linie nur durch „Üben", also durch das Rechnen von Aufgaben, lernen und begreifen (!) kann. Deshalb läßt der Teubner-Verlag dem Buch *Starthilfe Technische Mechanik* nun den Band *Klausurtraining Technische Mechanik* folgen.

Selbstverständlich habe ich der Bitte des Verlages, dieses Buch zu schreiben, gern entsprochen. Schon bei der Arbeit an der *Starthilfe Technische Mechanik* drängte es mich an vielen Stellen, das Verständnis und die Fähigkeit zur Anwendung der theoretischen Grundlagen der *Technischen Mechanik* durch praktische Beispiele zu fördern und zu vertiefen. Diesem Anliegen waren damals auf rund einhundert Seiten naturgemäß enge Grenzen gesetzt. Mit dem neuen Buch kann ich nun den Wunsch nach ausführlich vorgerechneten Beispielen erfüllen.

Die beiden Bücher *Starthilfe Technische Mechanik* und *Klausurtraining Technische Mechanik* sind unabhängig voneinander lesbar, aber sie ergänzen sich: Sowohl die Gliederung („Statik starrer Körper", „Statik elastischer Körper", „Kinematik und Kinetik") als auch die verwendeten Formelzeichen und die Systematik in den Abbildungen entsprechen vollkommen einander. Hinsichtlich des Schwierigkeitsgrades der ausgewählten Aufgaben habe ich mich – bis auf wenige Ausnahmen – an leichte bis mittelschwere *Klausur*aufgaben gehalten. Das ist natürlich oft Ansichtssache, aber ich ließ mich bei der Auswahl der besprochenen Aufgaben von meiner Erfahrung in den Seminaren und Prüfungen zur *Technischen Mechanik* leiten und hoffe, dem Studierenden mit den vorgelegten Lösungen eine brauchbare und nützliche Hilfe bei der Klausurvorbereitung in die Hand zu geben.

Mein Dank gebührt den Damen und Herren der *Arbeitsgruppe Mechanik* des *Instituts für Technische Mechanik und Maschinenelemente* der *TU Bergakademie Freiberg*, aus deren Sammlung viele Aufgaben und Lösungen stammen. Ich danke Frau Brigitte Kolsch für die sorgfältige Herstellung der Abbildungen und Herrn Dr.-Ing. Hans Wulf für seine sachkundige und einsatzfreudige Unterstützung bei der Lösung programmierungstechnischer Probleme. Meinen besonderen Dank spreche ich dem Verlag B.G. Teubner Stuttgart · Leipzig für die Anregung zu diesem Buch und Herrn Jürgen Weiß für die freundliche und äußerst entgegenkommende Zusammenarbeit aus.

Freiberg/Dresden, im Februar 2000   Heinzjoachim Franeck

Inhalt

Einführung

Die in diesem Buch vorgestellten Aufgaben und Lösungen der *Technischen Mechanik*
entstammen entweder direkt oder entsprechend modifiziert der Aufgabensammlung
des *Instituts für Technische Mechanik und Maschinenelemente* der *TU Bergakademie
Freiberg*. Sie erheben nicht den Anspruch, das in den Klausuren der *Technischen Mechanik* geforderte Wissen umfassend zu behandeln, da einerseits die zur Verfügung ste-
hende Seitenzahl zu einer Auswahl zwingt, andererseits sich aber auch der Charakter
der „schwierigeren" Aufgaben von Bildungseinrichtung zu Bildungseinrichtung ändert,
so daß es keinen großen Lehr- und Lerneffekt hätte, nur eine bestimmte Sorte kom-
plizierterer Klausuraufgaben vorzustellen. Aus diesem Grunde habe ich vorwiegend
Aufgaben gewählt, die zu den leichteren oder höchstens mittelschweren gezählt und
mit Hilfe einer auch nicht allzu ausführlichen Formelsammlung gelöst werden können.
Ihre Beherrschung sollte dann auch eine erfolgreiche Bearbeitung anspruchsvollerer
Probleme ermöglichen. Die Beschränkung auf ein- bzw. zweidimensionale Koordinatensysteme gehört zu diesem Konzept. (Natürlich wird der Leser manche Darstellung
finden, die den Umfang einer Klausuraufgabe übersteigt, die aber – wie ich hoffe –
zum allgemeinen Verständnis beiträgt.)

Bezüglich der Gliederung und Einteilung des Stoffes habe ich mich an die *Starthilfe Technische Mechanik* [1] gehalten. Ich werde die in diesem Buch verwendeten
Abkürzungen und Formeln auch hier benutzen. Da man voraussetzen darf, daß bei einer Klausurvorbereitung neben diesem Trainingsbuch auch eine Vorlesungsnachschrift
und/oder ein bzw. mehrere Lehrbücher der *Technischen Mechanik* zur Verfügung stehen, genügt es meistens, notwendige allgemeine Formeln jedem Aufgabenkomplex nur
einmal voranzustellen.

Erfahrungsgemäß ist es bei der Bearbeitung einer Prüfungsaufgabe zunächst erforderlich, diese Aufgabe stofflich richtig einzuordnen. Während dies bei einem *Fachwerk*
oder einer *Biegelinie* auf der Hand liegt, fällt eine Entscheidung bei Kinetik-Aufgaben
schon schwerer (*Impulssatz* oder *Arbeitssatz? Energieerhaltungssatz* oder *Prinzip von*
D'ALEMBERT?). Bei diesen Aufgaben werde ich mich bemühen, entsprechende Hin-
weise zu geben.

Dieses Buch setzt die engagierte Mitarbeit des Lernenden voraus, da Zwischenrechnungen auf das für das Verständnis Notwendige beschränkt sind. Auch hat es sich
als günstig erwiesen, Aufgaben zunächst mit allgemeinen Bezeichnungen zu rechnen.
So lassen sich Dimensionsprüfungen leichter durchführen und damit viele Fehler von
vornherein vermeiden. Darüber hinaus ist es mitunter vorteilhaft, im Gegensatz zur
sonst üblichen Beschränkung auf ein *vernünftiges ingenieurgemäßes* Ergebnis auch
einmal mehr Stellen im Zahlenergebnis „mitzunehmen", da dann eventuell mögliche
Proben exakter erfüllt sind und somit das Vertrauen in die Lösung gestärkt wird.
(Natürlich ist es sinnlos, zum Beispiel eine Durchbiegung auf 1/1000 cm anzugeben.)

Abbildungen sind nur als Strichskizzen dargestellt (so schön anzusehen und verständnisfördernd die in manchen Lehrbüchern zu findenden „realitätsnahen" Bilder auch sind). Dem Leser werden dafür aber bei einer Reihe von Aufgaben verschiedene Lösungswege angeboten, um ihn zu überzeugen, daß ein technisches Ergebnis (zum Beispiel die Lage eines Flächenschwerpunktes oder die Wirkungslinie einer resultierenden Kraft) nicht von der Wahl des Koordinatensystems abhängen kann. Grafische Lösungen sind in diesem Buch nicht enthalten, da sie kaum noch in den Lehrveranstaltungen der *Technischen Mechanik* angeboten werden.

Die Vorgehensweise bei der Bearbeitung von Mechanik-Aufgaben läßt sich meistens in die Lösung einzelner Teilaufgaben zerlegen. Auf Grund meiner langjährigen Lehrerfahrungen schlage ich folgende Schritte vor:

- Einordnung des Problems in ein bestimmtes Stoffgebiet. Darauf weist bei der Statik starrer oder elastischer Körper im Allgemeinen die Aufgabenformulierung hin. Höchstens in der Kinetik sind mitunter Überlegungen nötig.

- Bereitstellung aller erforderlichen Formeln aus einer Formelsammlung, einem Mechanik-Buch oder einer Vorlesungsnachschrift.

- Klärung, welche Bedeutung die in den Formeln aufgeführten Größen haben, und Prüfung, welche Größen gegeben und welche gesucht sind.

- Herstellung einer — nicht zu kleinen — übersichtlichen Skizze, in der alle notwendigen Größen und Maße enthalten sind.

- Falls erforderlich und nicht in der Aufgabenstellung vorgeschrieben, Wahl eines günstig gelegenen Koordinatensystems.

- Durchführung aller erforderlichen Berechnungen mit möglichst allgemeinen Bezeichnungen. Prüfung, ob bei mehreren Unbekannten die Anzahl der hingeschriebenen Gleichungen mit der Anzahl der Unbekannten übereinstimmt.

- Kontrolle der Dimensionen in den allgemeinen Ergebnissen.

- Ausführung der Zahlenrechnungen und Einschätzung der Lösungen auf sinnvolle Größenordnungen.

- Kontrolle der Resultate (z. B. mit Hilfe der nicht genutzten Gleichgewichtsbedingungen oder auch anderer Rechnungsvarianten).

Abschließend ein kurzer Hinweis: Ich habe mich bemüht, (außer in den Abbildungen aus Platzgründen) *dimensionsbehaftete Zahlen* mit einem Komma zu schreiben (also z. B. 2,0 cm), um diese Größen von *Faktoren* (z. B. der 8 in $ql^2/8$) zu unterscheiden. Dies erhöht meines Erachtens bei Zahlenrechnungen die Übersicht (auch wenn dann einmal eine 0,0 kN als Ergebnis stehen sollte).

Statik starrer Körper

1 Resultierende ebener Kräftegruppen

Aufgabe 1.1: Für die gegebene Kräftegruppe sind Größe und Lage der resultierenden
Kraft zu bestimmen (Abb. 1.1.1).

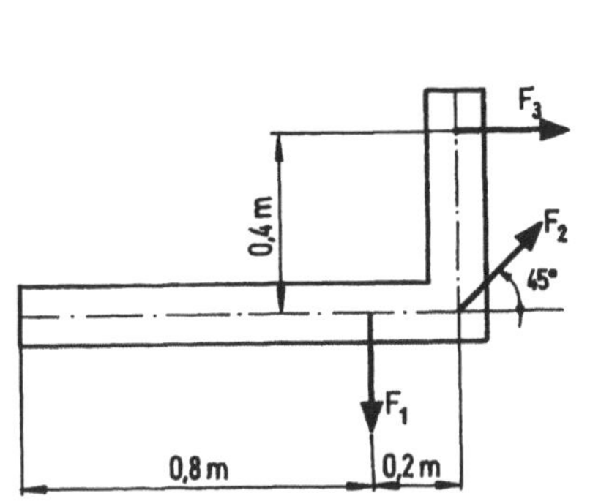

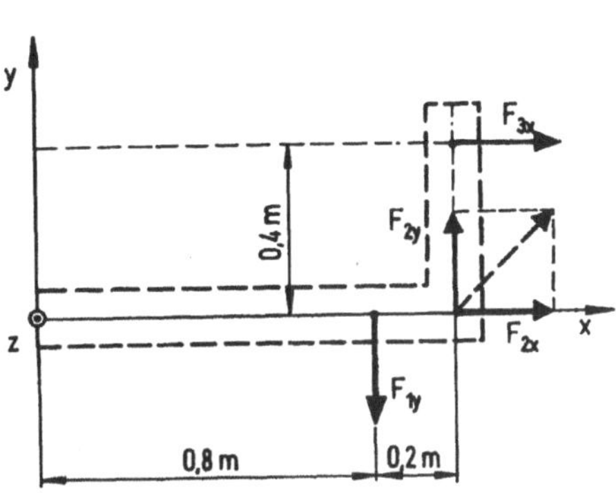

Abbildung 1.1.1: Ebene Kräftegruppe
$F_1 = 100,0$ kN,
$F_2 = 600,0$ kN,
$F_3 = 120,0$ kN

Abbildung 1.1.2: Koordinatensystem 1

Die zur Lösung dieser Aufgabe benötigten Beziehungen zur Ermittlung von Größe
und Lage der *Resultierenden der ebenen allgemeinen Kräftegruppe* lauten:

$$
F_{Rx} = \sum_{i=1}^{n} F_{ix} = \sum_{i=1}^{n} F_i \cos \alpha_i \; ; \qquad F_{Ry} = \sum_{i=1}^{n} F_{iy} = \sum_{i=1}^{n} F_i \sin \alpha_i \, ,
$$

$$
F_R = \sqrt{F_{Rx}^2 + F_{Ry}^2} \; ; \qquad \cos \alpha_R = F_{Rx}/F_R \; ; \; \sin \alpha_R = F_{Ry}/F_R \, ,
$$

$$
\circlearrowleft \; M_R = \sum_{i=1}^{n} \left(F_{iy}\, x_i - F_{ix}\, y_i \right) \; ; \qquad y(x) = \frac{F_{Ry}}{F_{Rx}}\, x - \frac{M_R}{F_{Rx}} \, .
$$

In diesen Gleichungen stehen $x-$ und $y-$Koordinaten und –Komponenten, so daß
zunächst ein $x, y, z-$Koordinatensystem festgelegt werden muß. Dessen Wahl ist
natürlich vollkommen beliebig, aber man wird immer so vorgehen, daß die erforderlichen Zahlenrechnungen möglichst einfach werden. Wir lösen die Aufgabe für zwei
verschiedene Koordinatensysteme (Abb. 1.1.2 und Abb. 1.1.5).

Variante 1:

i	F_i	x_i	y_i	α_i	$\cos\alpha_i$	$\sin\alpha_i$	F_{ix}	F_{iy}	$F_{iy}x_i$	$F_{ix}y_i$
$\cdot$	N	m	m	$^\circ$	–	–	N	N	Nm	Nm
1	100,0	0,8	0,0	270	0,0	-1,0	0,0	-100,0	-80,0	0,0
2	600,0	1,0	0,0	45	0,7071	0,7071	424,3	424,3	424,3	0,0
3	120,0	1,0	0,4	0	1,0	0,0	120,0	0,0	0,0	48,0
Σ	–	–	–	–	–	–	544,3	324,3	344,3	48,0

Damit folgen die Komponenten und der Betrag der *resultierenden Kraft* einschließlich ihres Richtungswinkels zu

$$F_{Rx} = \sum_{i=1}^{3} F_{ix} = 544,3\,\text{N}\;;\qquad\qquad F_{Ry} = \sum_{i=1}^{3} F_{iy} = 324,3\,\text{N},$$

$$F_R = \sqrt{F_{Rx}^2 + F_{Ry}^2} = \sqrt{544,3^2 + 324,3^2} = 633,6\,\text{N},$$

$$\cos\alpha_R = \frac{F_{Rx}}{F_R} = \frac{544,3}{633,6} = 0,8591\;;\;\sin\alpha_R = \frac{F_{Ry}}{F_R} = \frac{324,3}{633,6} = 0,5118$$

$$\rightarrow\qquad \alpha_R = 30,8^\circ\,.$$

Zusammen mit dem *resultierenden Moment*

$$M_R = \sum_{i=1}^{3}(F_{iy}x_i - F_{ix}y_i) = \sum_{i=1}^{3} F_{iy}x_i - \sum_{i=1}^{3} F_{ix}y_i = 344,3 - 48,0 = 296,3\,\text{Nm}$$

bildet sie die auf das Koordinatensystem 1 bezogene resultierende Wirkung der gegebenen Kräftegruppe (Abb. 1.1.3).

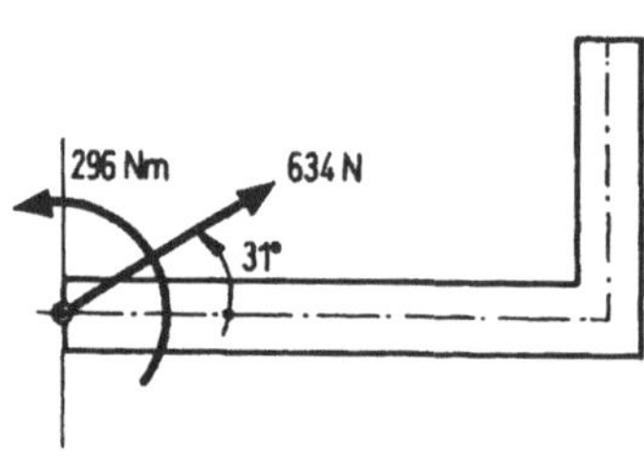

Abbildung 1.1.3: Resultierende Wirkung
der Kräftegruppe

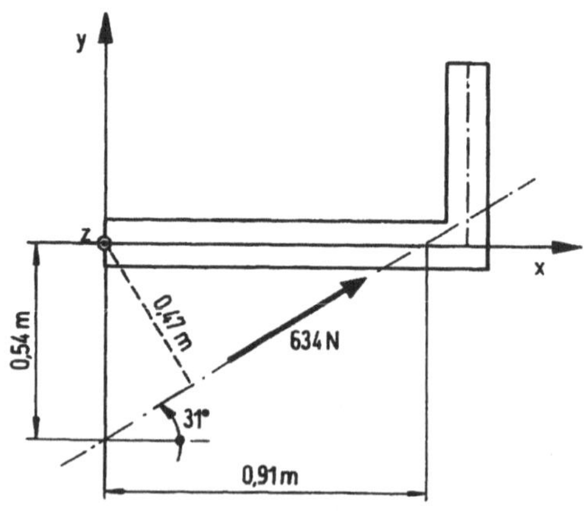

Abbildung 1.1.4: Zentrallinie

Nun soll die resultierende Kraft so weit aus dem Koordinatenursprung hinausgeschoben werden, daß ihr Moment bezüglich des Koordinatenursprunges dem resultierenden Moment äquivalent ist. Man erhält die Funktion der *Zentrallinie* (Abb. 1.1.4):

$$y(x) = \frac{F_{Ry}}{F_{Rx}} x - \frac{M_R}{F_{Rx}} = \frac{324,3}{544,3} x - \frac{296,3}{544,3} = 0,5958\,x - 0,5444\,\text{m}.$$

Variante 2:

Bei der Variante 2 legen wir den Ursprung des Koordinatensystems in den Schnittpunkt der Wirkungslinien der Kräfte F_1 und F_3 (Abb. 1.1.5). Dann berechnet man:

i	F_i	x_i	y_i	α_i	$\cos\alpha_i$	$\sin\alpha_i$	F_{ix}	F_{iy}	$F_{iy}x_i$	$F_{ix}y_i$
.	N	m	m	°	–	–	N	N	Nm	Nm
1	100,0	0,0	-0,4	270	0,0	-1,0	0,0	-100,0	0,0	0,0
2	600,0	0,2	-0,4	45	0,7071	0,7071	424,3	424,3	84,9	-169,7
3	120,0	0,2	0,0	0	1,0	0,0	120,0	0,0	0,0	0,0
$\sum$	–	–	–	–	–	–	544,3	324,3	84,9	-169,7

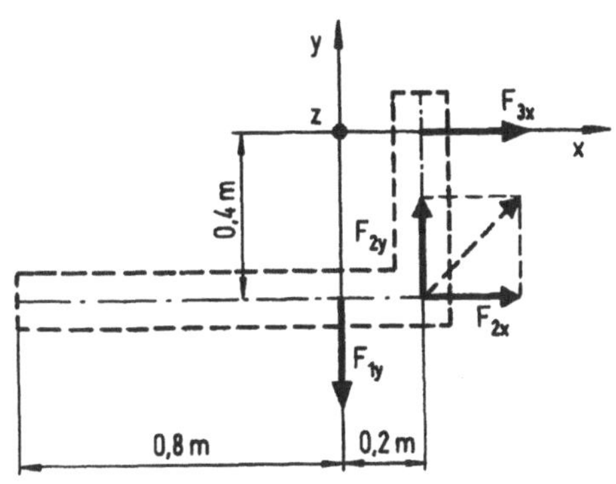

Abbildung 1.1.5: Koordinatensystem 2

Die *resultierende Kraft*

$$F_{Rx} = \sum_{i=1}^{3} F_{ix} = 544,3\,\text{N}\,,$$

$$F_{Ry} = \sum_{i=1}^{3} F_{iy} = 324,3\,\text{N}\,,$$

$$F_R = \sqrt{F_{Rx}^2 + F_{Ry}^2}$$

$$= \sqrt{544,3^2 + 324,3^2} = 633,6\,\text{N}\,,$$

$$\cos\alpha_R = \frac{F_{Rx}}{F_R} = \frac{544,3}{633,6} = 0,8591 \;;\; \sin\alpha_R = \frac{F_{Ry}}{F_R} = \frac{324,3}{633,6} = 0,5118$$

$$\rightarrow \quad \alpha_R = 30,8°$$

und das auf das Koordinatensystem 2 bezogene *resultierende Moment* (Abb. 1.1.6)

$$M_R = \sum_{i=1}^{3}(F_{iy}x_i - F_{ix}y_i) = \sum_{i=1}^{3} F_{iy}x_i - \sum_{i=1}^{3} F_{ix}y_i = 84,9 - (-169,7) = 254,6\,\text{Nm}\,.$$

Die Funktion der *Zentrallinie* im Koordinatensystem 2 lautet (Abb. 1.1.7)

$$y(x) = \frac{F_{Ry}}{F_{Rx}}\, x - \frac{M_R}{F_{Rx}} = \frac{324,3}{544,3}\, x - \frac{254,6}{544,3} = 0,5958\, x - 0,4678 \text{ m}.$$

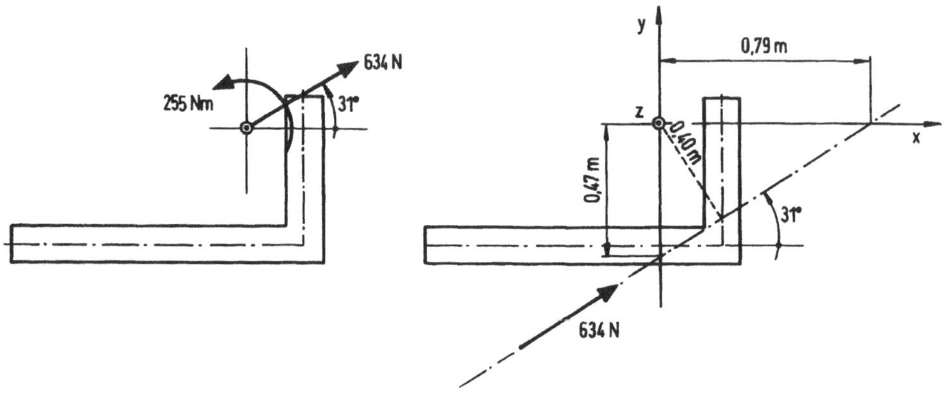

Abbildung 1.1.6: Resultierende Wirkung
der Kräftegruppe

Abbildung 1.1.7: Zentrallinie

Aufgabe 1.2: Für die gegebene Kräftegruppe sind Größe und Lage der resultierenden Kraft zu bestimmen (Abb. 1.2.1).

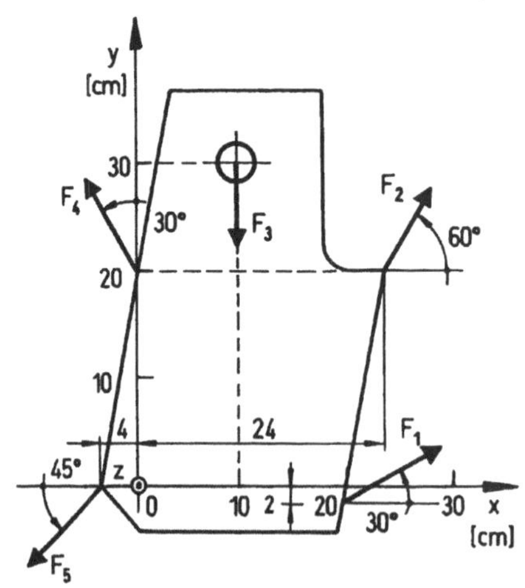

Abbildung 1.2.1: Ebene Kräftegruppe
$F_1 = 100,0$ kN,
$F_2 = 500,0$ kN,
$F_3 = 300,0$ kN,
$F_4 = 600,0$ kN,
$F_5 = 450,0$ kN

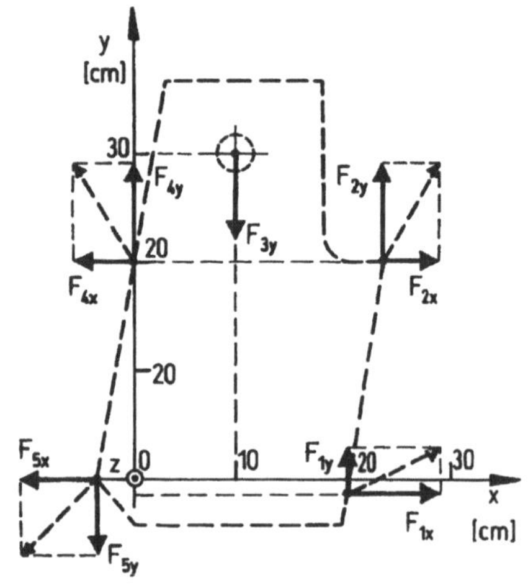

Abbildung 1.2.2: Kraftkomponenten im
Koordinatensystem

i	F_i	x_i	y_i	α_i	$\cos\alpha_i$	$\sin\alpha_i$	F_{ix}	F_{iy}	$F_{iy}x_i$	$F_{ix}y_i$
·	N	cm	cm	°	–	–	N	N	Ncm	Ncm
1	100	20	-2	30	0,8660	0,5000	86,8	50,0	1000,0	-173,6
2	500	24	20	60	0,5000	0,8660	250,0	433,0	10392,0	5000,0
3	300	10	30	270	0,0	-1,0	0,0	-300,0	-3000,0	0,0
4	600	0	20	120	-0,5000	0,8660	-300,0	519,6	0,0	-6000,0
5	450	-4	0	225	-0,7071	-0,7071	-318,2	-318,2	1272,8	0,0
$\sum$	–	–	–	–	–	–	-281,4	384,0	9664,8	-1173,6

Mit Abb. 1.2.2 folgen die Komponenten und der Betrag der *resultierenden Kraft* einschließlich ihres Richtungswinkels zu

$$F_{Rx} \;=\; \sum_{i=1}^{5} F_{ix} = -281,4\,\text{N}\,; \qquad F_{Ry} \;=\; \sum_{i=1}^{5} F_{iy} = 384,0\,\text{N}\,,$$

$$F_R \;=\; \sqrt{F_{Rx}^2 + F_{Ry}^2} = \sqrt{(-281,4)^2 + 384,0^2} \;=\; 476,1\,\text{N}\,,$$

$$\cos\alpha_R \;=\; \frac{F_{Rx}}{F_R} = \frac{-281,4}{476,1} = -0,5911 \;;\; \sin\alpha_R \;=\; \frac{F_{Ry}}{F_R} = \frac{384,0}{476,1} = 0,8066$$

$$\rightarrow \alpha_R \;=\; 126,2°\,.$$

Zusammen mit dem *resultierenden Moment*

$$M_R = \sum_{i=1}^{5}(F_{iy}x_i - F_{ix}y_i) = \sum_{i=1}^{5} F_{iy}x_i - \sum_{i=1}^{5} F_{ix}y_i$$

$$= 9664,8 - (-1173,6) = 10838,4\,\text{Ncm} = 10,84\,\text{kNcm}$$

bildet sie die auf das Koordinatensystem bezogene resultierende Wirkung der gegebenen Kräftegruppe (Abb. 1.2.3).

Als Funktion der *Zentrallinie* erhält man schließlich (Abb. 1.2.4)

$$y(x) = \frac{F_{Ry}}{F_{Rx}}\,x - \frac{M_R}{F_{Rx}} = \frac{384,0}{-281,4}\,x - \frac{10838,4}{-281,4} = -1,365\,x + 38,52\,\text{cm}.$$

Zur Kontrolle berechnen wir das Moment der in der Zentrallinie wirkenden resultierenden Kraft F_R bezüglich des Koordinatenursprunges ($x = 0\,; y = 0$). Mit den Achsenabschnitten $y(x = 0) = 38,52\,\text{cm}$ und $x(y = 0) = 28,12\,\text{cm}$ beträgt der Abstand der Zentrallinie von der $z-$Achse

$$a = 28,12\sin(180° - 126,2°) = 38,52\cos(180° - 126,2°) = 22,76\,\text{cm}.$$

Damit hat das gesuchte Moment um den Koordinatenursprung die Größe

$$M_R = F_R\,a = 0,4761 \cdot 22,76 = 10,836\,\text{kNcm}\,,$$

die natürlich mit dem bereits ermittelten Wert übereinstimmt.

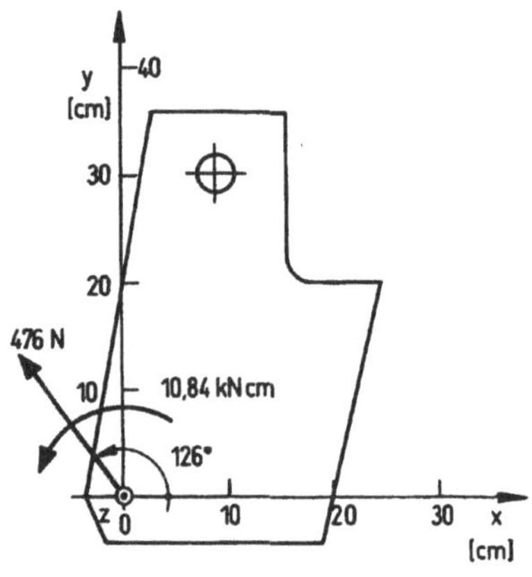

Abbildung 1.2.3: Resultierende Wirkung
der Kräftegruppe

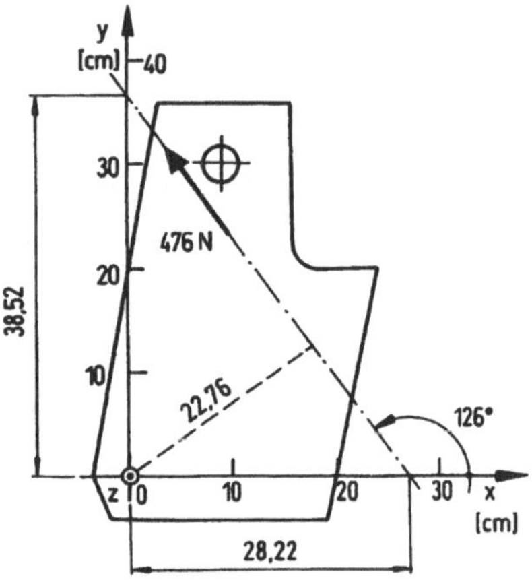

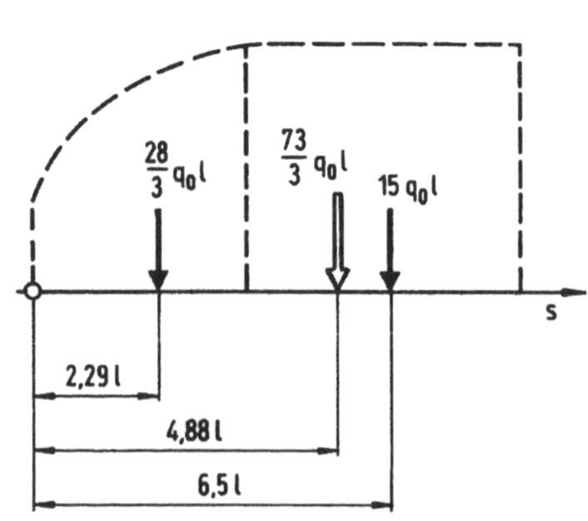

Abbildung 1.2.4: Zentrallinie

2 Linienkräfte

Aufgabe 2.1: Ermitteln Sie Größe und Lage der Resultierenden der in Abb. 2.1.1
dargestellten Linienkraft.

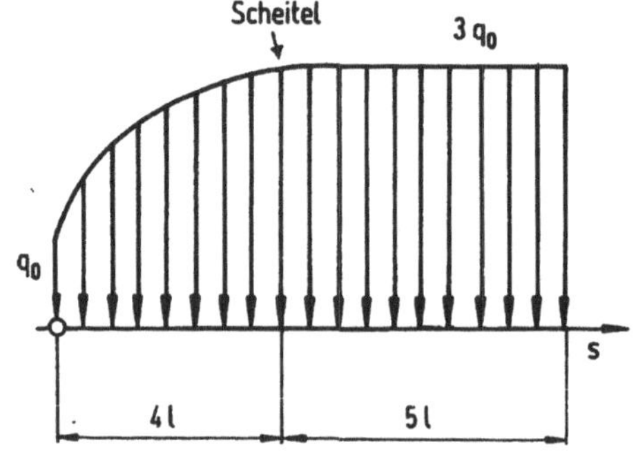

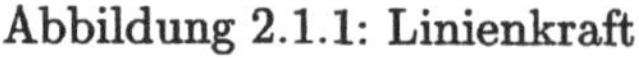

Abbildung 2.1.1: Linienkraft

Abbildung 2.1.2: Resultierende und
Teilresultierende

Die Größe und die Lage der *Resultierenden von Linienkräften* erhält man entweder durch Integrationen oder nach dem *Superpositionsprinzip der (linearen) Mechanik*:

$$F_R \;=\; \int\limits_{s_1}^{s_2} p(s)\,\mathrm{d}s \quad ; \quad s_o \;=\; \frac{1}{F_R}\int\limits_{s_1}^{s_2} p(s)s\,\mathrm{d}s\,,$$

$$F_R \;=\; \sum_{i=1}^{n} F_{Ri} \quad ; \quad s_o \;=\; \frac{1}{F_R}\sum_{i=1}^{n} F_{Ri}\,s_{oi}\,.$$

Die gegebene Linienkraft besteht aus zwei Teilen: Einer durch eine quadratische Funktion beschriebenen Belastung $p_1(s)$ und einem konstanten Anteil $p_2(s) = 3q_o$. Für die quadratische Belastung müssen wir zunächst die Belastungsfunktion $p_1(s)$ bestimmen. Dazu setzt man die allgemeine Gleichung für eine in s quadratische Funktion

$$p_1(s) = c_1 + c_2 s + c_3 s^2 \quad ; \quad p_1'(s) = c_2 + 2c_3 s$$

an und ermittelt aus den *Randbedingungen*

$$p_1(s=0) = q_o = c_1 \quad ; \quad p_1(s=4l) = 3q_o = c_1 + c_2 4l + c_3(4l)^2\,,$$

$$p_1'(s=4l) = 0 = c_2 + 2c_3 4l$$

die Konstanten $\qquad\qquad c_1 = q_o \quad ; \quad c_2 = \dfrac{q_o}{l} \quad ; \quad c_3 = -\dfrac{q_o}{8l^2}\,.$

Damit lautet die Belastungsfunktion im Bereich 1

$$p_1(s) = q_o\Big(1 + \frac{s}{l} - \frac{1}{8}\frac{s^2}{l^2}\Big)\,.$$

Die Größe der Resultierenden F_{R1} und ihre Lage s_{o1} folgen nach einfachen Integrationen zu

$$F_{R1} \;=\; \int\limits_{0}^{4l} p_1(s)\,\mathrm{d}s \;=\; q_o\int\limits_{0}^{4l}\Big(1 + \frac{s}{l} - \frac{1}{8}\frac{s^2}{l^2}\Big)\mathrm{d}s \;=\; \frac{28}{3}q_o l \;=\; 9,33\,q_o l\,,$$

$$s_{o1} \;=\; \frac{1}{F_{R1}}\int\limits_{0}^{4l} p_1(s)s\,\mathrm{d}s \;=\; \frac{q_o}{F_{R1}}\int\limits_{0}^{4l}\Big(s + \frac{s^2}{l} - \frac{1}{8}\frac{s^3}{l^2}\Big)\mathrm{d}s \;=\; \frac{16}{7}l \;=\; 2,29\,l\,,$$

und als Gesamtergebnis erhalten wir mit $F_{R2} = 15\,q_o l$ und $s_{o2} = 6,5\,l$ die Resultierende und ihre Lage (Abb. 2.1.2)

$$F_R = F_{R1} + F_{R2} = \frac{28}{3}q_ol + 15q_ol = \frac{73}{3}q_ol \, ,$$

$$s_o = \frac{1}{F_R}(F_{R1}s_{o1} + F_{R2}s_{o2}) = \frac{3}{73q_ol}\left(\frac{28}{3}q_ol \cdot \frac{16}{7}l + 15q_ol \cdot \frac{13}{2}l\right) = \frac{713}{146}l = 4,88l \, .$$

Aufgabe 2.2: Gesucht ist die Resultierende der Linienkraft (Abb. 2.2.1).

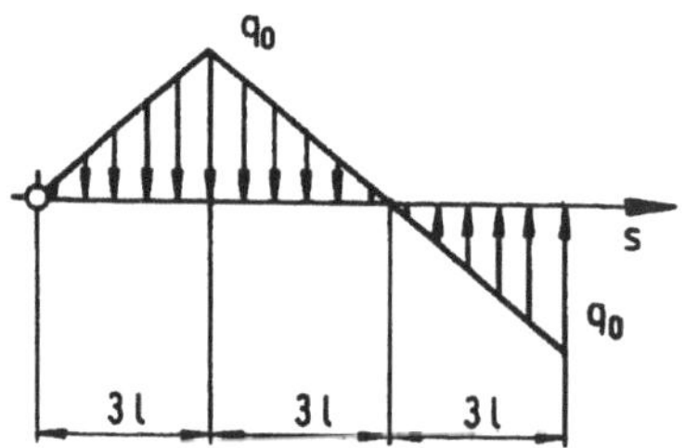

Abbildung 2.2.1: Linienkraft

Ist die Linienbelastung aus Teilbelastungen zusammengesetzt, bei denen Größe und Lage der Resultierenden bekannt sind, so wird man Größe und Lage der Gesamtresultierenden unter Verwendung des Superpositionsprinzips bestimmen.
Es sollen zwei Varianten (Abb. 2.2.2 und Abb. 2.2.3) vorgestellt werden.

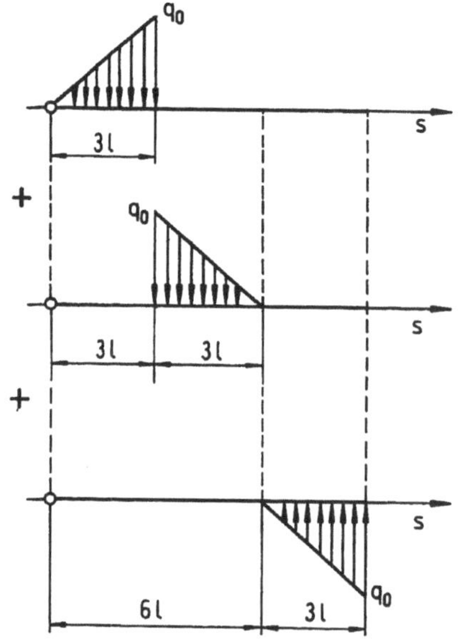

Abbildung 2.2.2: Aufteilung Variante 1

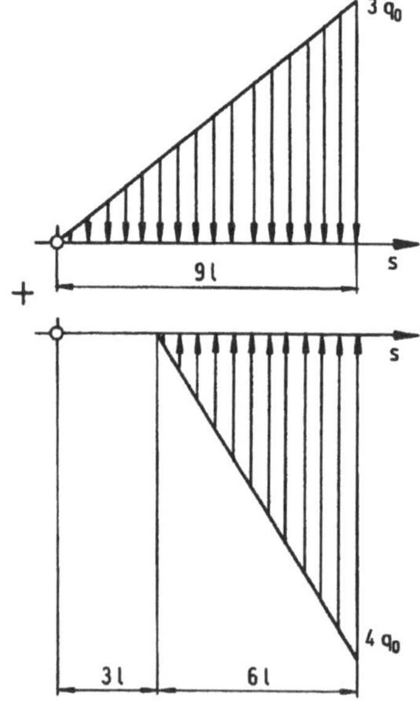

Abbildung 2.2.3: Aufteilung Variante 2

Variante 1:

Wir zerlegen die gegebene Linienkraft nach Abb. 2.2.2 in drei Dreieckbelastungen mit den Werten (Abb. 2.2.4)

$$F_{R1} = \frac{3}{2}q_ol \; ; \; s_{o1} = 2l \; ; \; F_{R2} = \frac{3}{2}q_ol \; ; \; s_{o2} = 4l \; ; \; F_{R3} = -\frac{3}{2}q_ol \; ; \; s_{o3} = 8l \, .$$

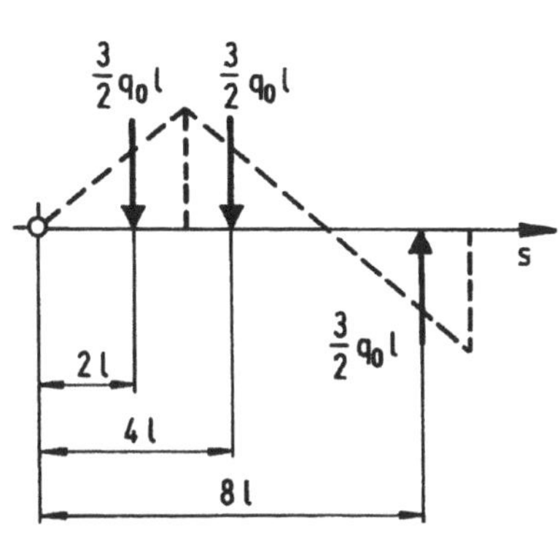

Abbildung 2.2.4: Teilresultierende
Variante 1

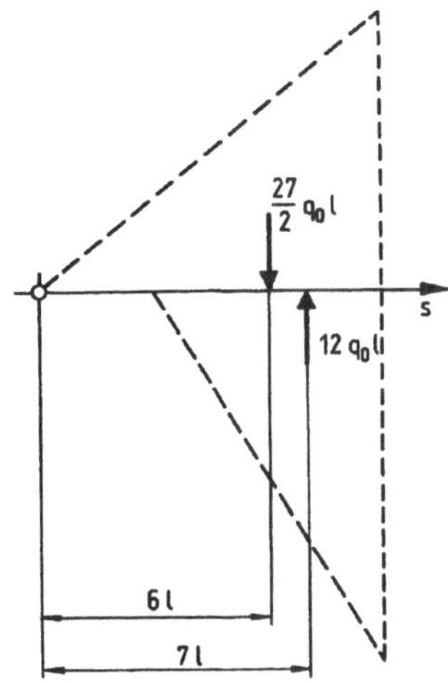

Abbildung 2.2.5: Teilresultierende
Variante 2

Die gesuchten Größen findet man zu (Abb. 2.2.6)

$$F_R \;=\; \sum_{i=1}^{3} F_{Ri} \qquad =\; \frac{3}{2}q_o l + \frac{3}{2}q_o l - \frac{3}{2}q_o l \qquad\qquad =\; \frac{3}{2}q_o l\,,$$

$$s_o \;=\; \frac{1}{F_R}\sum_{i=1}^{3} F_{Ri}\,s_{oi} \;=\; \frac{2}{3q_o l}\Big(\frac{3}{2}q_o l \cdot 2\,l + \frac{3}{2}q_o l \cdot 4\,l - \frac{3}{2}q_o l \cdot 8\,l\Big) \;=\; -2\,l.$$

Bei diesem Ergebnis ist bemerkenswert, daß die resultierenden Kraft F_R außerhalb des Wirkungsbereiches der Linienkraft angreift. Die Ursache dafür ist das Drehmoment z. B. der Kräfte F_{R2} und F_{R3} von der Größe $M = -1{,}5\,q_o l \cdot 4\,l = -6q_o l^2$, welches die Kraft F_{R1} um den Hebelarm $s = -6q_o l^2/1{,}5q_o l = -4\,l$ nach links verschiebt.

Variante 2:

Bei der Variante 2 wählen wir nach Abb. 2.2.3 eine Aufteilung der Linienkraft in zwei Dreieckbelastungen. Diese Zerlegung ist etwas ungewöhnlich, zeigt aber, wie die Rechenarbeit (mitunter) reduziert werden kann. Mit den Werten (Abb. 2.2.5)

$$F_{R1} = \frac{27}{2}q_o l \;\; ; \;\; s_{o1} = 6\,l \;\; ; \;\; F_{R2} = -12q_o l \;\; ; \;\; s_{o2} = 7\,l$$

folgen die gesuchten Größen zu (Abb. 2.2.6)

$$F_R = \sum_{i=1}^{2} F_{Ri} = \frac{27}{2}q_o l - 12q_o l = \frac{3}{2}q_o l$$

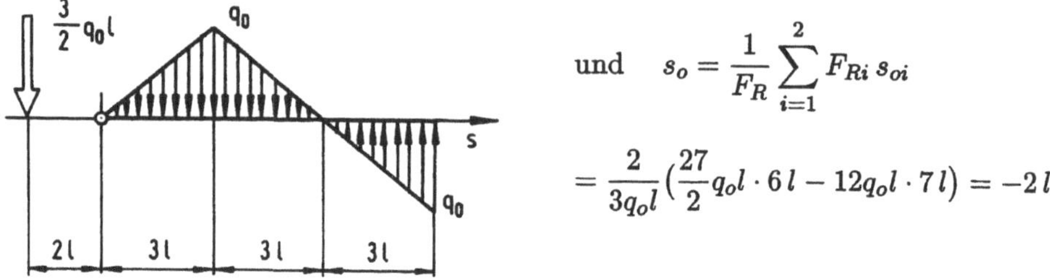

$$\text{und}\quad s_o = \frac{1}{F_R}\sum_{i=1}^{2} F_{Ri}\,s_{oi}$$

$$= \frac{2}{3q_o l}\left(\frac{27}{2}q_o l \cdot 6\,l - 12 q_o l \cdot 7\,l\right) = -2\,l\,.$$

Abbildung 2.2.6: Resultierende Linienkraft

3 Schwerpunkte

3.1 Schwerpunkte von Flächen

Aufgabe 3.1: Für die in Abb. 3.1.1 gezeichnete Fläche ist die Lage des Schwerpunktes zu ermitteln.

Die Formeln zur Berechnung der Lage des *Schwerpunktes von Flächen* lauten

$$
\begin{aligned}
x_S &= \frac{1}{A}\int\limits_{(A)} x\,\mathrm{d}A &\quad;\quad& y_S = \frac{1}{A}\int\limits_{(A)} y\,\mathrm{d}A\,,\\[2ex]
x_S &= \frac{1}{A}\sum_{i=1}^{n} x_i A_i &\quad;\quad& y_S = \frac{1}{A}\sum_{i=1}^{n} y_i A_i\,.
\end{aligned}
$$

Ein Vergleich dieser Beziehungen mit den Formeln zur Berechnung der Resultierenden einer Linienkraft zeigt die Analogie entsprechender Gleichungen, wenn bei der Linienkraft die Resultierende F_R, die Teilresultierende F_{Ri} [bzw. die differentielle Kraft $p(s)\,\mathrm{d}s$] und die Abstände s_o (bzw. s_{oi}) und s durch die entsprechenden Größen A, A_i (bzw. $\mathrm{d}A$) und x_S oder y_S (bzw. x_i oder y_i) und x oder y ersetzt werden.

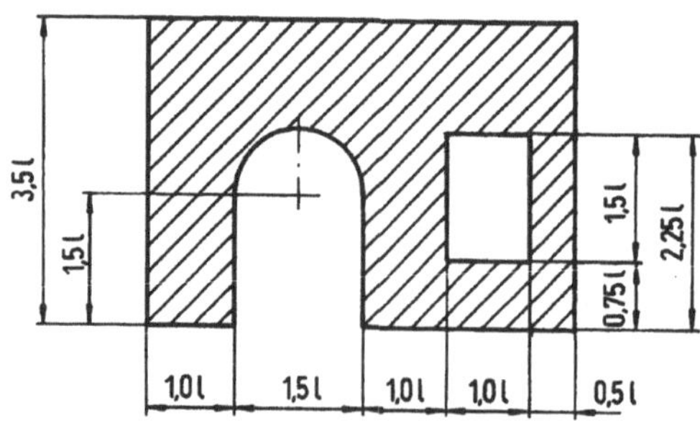

Abbildung 3.1.1: Fläche

Natürlich wird man bei einer Fläche wie der gegebenen keine Integrationen durchführen, sondern die Fläche in Teilgebiete mit bekanntem Flächeninhalt A_i und bekannten Schwerpunktkoordinaten x_i und y_i aufteilen. (Die Zerlegung einer Fläche in Teilflächen mit positivem oder auch negativem Flächeninhalt bietet sich nicht immer so an wie in dieser Aufgabe. Auch da gibt es günstige und ungünstige Varianten.)

Wir führen die Untersuchung in zwei verschiedenen Koordinatensystemen (Abb. 3.1.2 und Abb. 3.1.3) durch, um zu zeigen, daß natürlich die Lage eines Flächenschwerpunktes unabhängig von der Wahl des Koordinatensystems ist.

Variante 1:

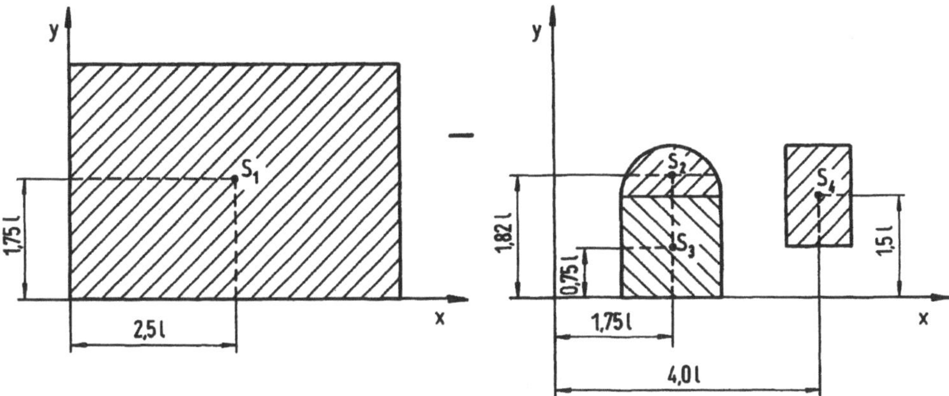

Abbildung 3.1.2: Zerlegung der Fläche im Koordinatensystem 1

Die Berechnung erfolgt tabellarisch, wobei zunächst die Flächengröße und die Schwerpunktlage eines Halbkreises vom Durchmesser $d = 1,5\,l$ bereitgestellt werden:

$$A \;=\; \frac{1}{2}\frac{\pi d^2}{4} = \frac{\pi}{8}(1,5\,l)^2 = 0,88\,l^2\,,$$

$$y_S \;=\; \frac{2d}{3\pi} = \frac{2\cdot 1,5\,l}{3\pi} = 0,32\,l\,.$$

i	A_i	x_i	y_i	$x_i A_i$	$y_i A_i$
.	l^2	l	l	l^3	l^3
1	17,50	2,50	1,75	43,75	30,63
2	-0,88	1,75	1,82	-1,54	-1,60
3	-2,25	1,75	0,75	-3,94	-1,69
4	-1,50	4,00	1,50	-6,00	-2,25
$\sum$	12,87	–	–	32,27	25,09

Die Koordinaten des Schwerpunktes sind

$$x_S = \frac{1}{A}\sum_{i=1}^{4} x_i A_i = \frac{32,27\,l^3}{12,87\,l^2} = 2,51\,l \quad;\quad y_S = \frac{1}{A}\sum_{i=1}^{4} y_i A_i = \frac{25,09\,l^3}{12,87\,l^2} = 1,95\,l\,.$$

Variante 2:

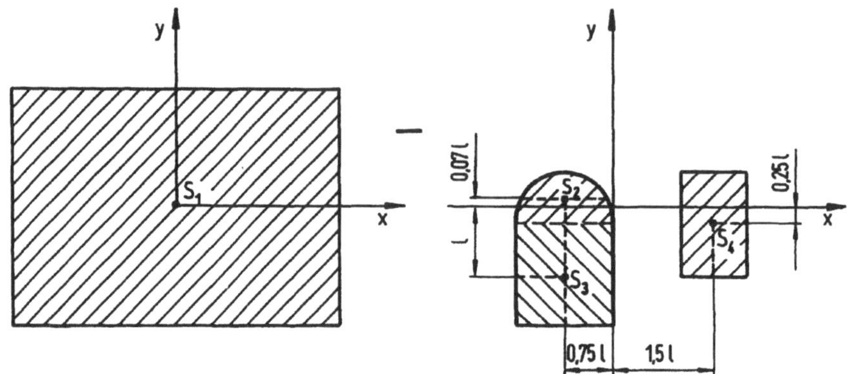

Abbildung 3.1.3: Zerlegung der Fläche im Koordinatensystem 2

i	A_i	x_i	y_i	x_iA_i	y_iA_i
$\cdot$	l^2	l	l	l^3	l^3
1	17,50	0,0	0,0	0,0	0,0
2	-0,88	-0,75	-0,07	0,66	0,06
3	-2,25	-0,75	-1,00	1,69	2,25
4	-1,50	1,50	-0,25	-2,25	0,37
$\sum$	12,87	–	–	0,10	2,68

Als Koordinaten des Schwerpunktes erhält man

$$x_S = \frac{1}{A}\sum_{i=1}^{4} x_iA_i = \frac{0,10\,l^3}{12,87\,l^2} = 0,01\,l\,,$$

$$y_S = \frac{1}{A}\sum_{i=1}^{4} y_iA_i = \frac{2,68\,l^3}{12,87\,l^2} = 0,21\,l\,.$$

Beide Varianten ergeben – wie erwartet – die gleiche Lage des Schwerpunktes.

Aufgabe 3.2: Berechnen Sie die Koordinaten des Schwerpunktes der in Abb. 3.2.1 dargestellten Fläche (Maße in mm).

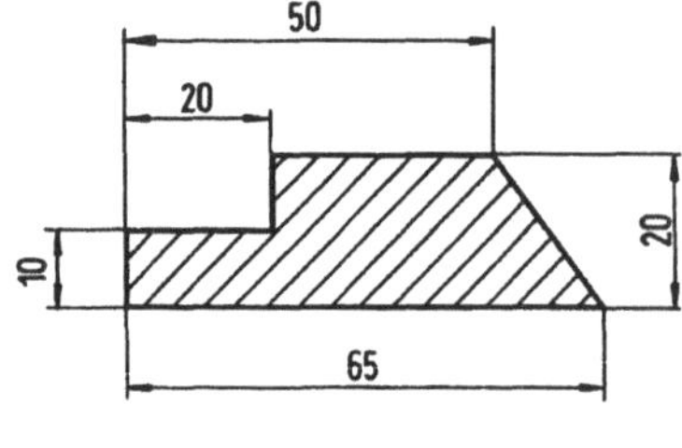

Abbildung 3.2.1: Fläche

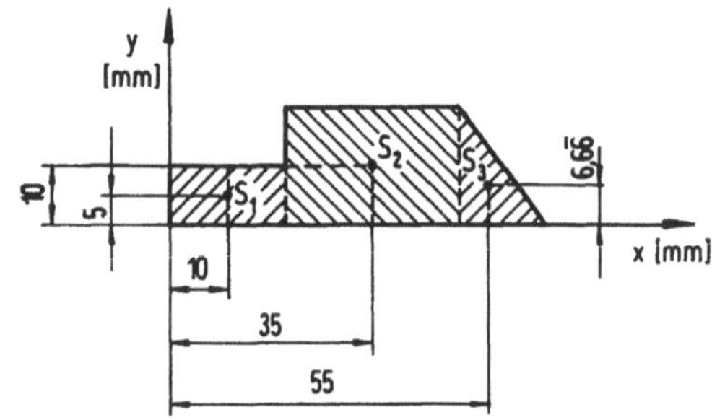

Abbildung 3.2.2: Zerlegung der Fläche
in Teilflächen

i	A_i	x_i	y_i	$x_i A_i$	$y_i A_i$
·	mm^2	mm	mm	mm^3	mm^3
1	200,0	10,0	5,00	2000,0	1000,0
2	600,0	35,0	10,00	21000,0	6000,0
3	150,0	55,0	6,67	8250,0	1000,0
$\sum$	950,0	–	–	31250,0	8000,0

Die Schwerpunktkoordinaten der Fläche haben die Größe (Abb. 3.2.2)

$$x_S = \frac{31250,0\,\mathrm{mm}^3}{950,0\,\mathrm{mm}^2} = 32,89\,\mathrm{mm} \quad ; \quad y_S = \frac{8000,0\,\mathrm{mm}^3}{950,0\,\mathrm{mm}^2} = 8,42\,\mathrm{mm}\,.$$

3.2 Schwerpunkte von Linien

Aufgabe 3.3: Ermitteln Sie für die in Abb. 3.3.1 gezeichnete Linie den Linien-
schwerpunkt.

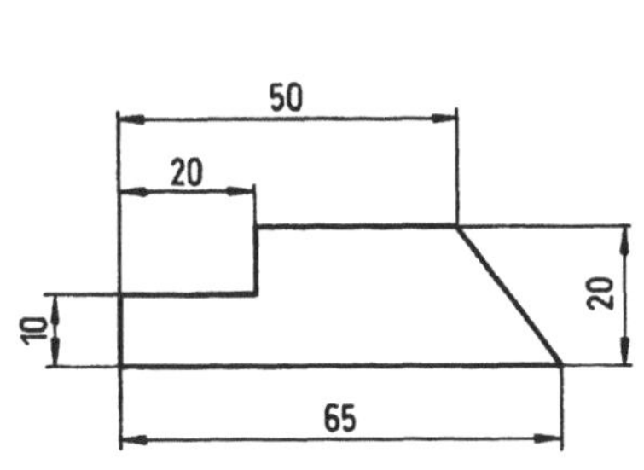

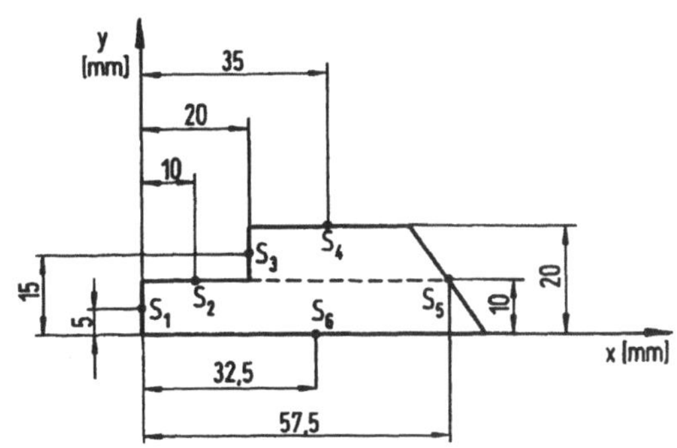

Abbildung 3.3.1: Linie

Abbildung 3.3.2: Zerlegung der Linie
in Teillinien

Die Formeln zur Berechnung der Lage des *Schwerpunktes von Linien* lauten analog
zu denen des Flächenschwerpunktes

$$x_S = \frac{1}{l}\int\limits_{(l)} x\,\mathrm{d}l \quad ; \quad y_S = \frac{1}{l}\int\limits_{(l)} y\,\mathrm{d}l\,,$$

$$x_S = \frac{1}{l}\sum_{i=1}^{n} x_i l_i \quad ; \quad y_S = \frac{1}{l}\sum_{i=1}^{n} y_i l_i\,.$$

Wir teilen die Linie in 6 Teillinien auf (Abb. 3.3.2) und erhalten tabellarisch

i	l_i	x_i	y_i	$x_i l_i$	$y_i l_i$
$\cdot$	mm	mm	mm	mm^2	mm^2
1	10,0	0,0	5,0	0,0	50,0
2	20,0	10,0	10,0	200,0	200,0
3	10,0	20,0	15,0	200,0	150,0
4	30,0	35,0	20,0	1050,0	600,0
5	25,0	57,5	10,0	1437,5	250,0
6	65,0	32,5	0,0	2112,5	0,0
$\sum$	160,0	–	–	5000,0	1250,0

$$x_S = \frac{1}{l} \sum_{i=1}^{6} x_i l_i = \frac{5000,0\,\text{mm}^2}{160,0\,\text{mm}}$$

$$= 31,25\,\text{mm}\,,$$

$$y_S = \frac{1}{l} \sum_{i=1}^{6} y_i l_i = \frac{1250,0\,\text{mm}^2}{160,0\,\text{mm}}$$

$$= 7,81\,\text{mm}\,.$$

4 Ebene Tragwerke

4.1 Stützgrößen ebener Tragwerke

Bei der statischen Untersuchung ebener Tragwerke ist es zunächst (sicherheitshalber) erforderlich zu prüfen, ob das Tragwerk *statisch bestimmt* ist oder nicht. Für ein statisch bestimmtes ebenes Tragwerk gilt

$$a + 2g = 3n\,,$$

wobei a die Anzahl der Stützgrößen, g die Anzahl der Gelenke und n die Anzahl der Teile des Tragwerkes sind.

Die Berechnung von *Stützgrößen* (*Achtung*: Stützgrößen sind immer Stütz*kräfte* und Stütz*momente*) erfolgt mit Hilfe der drei *Gleichgewichtsbedingungen eines ebenen Tragwerkes*

$$\sum_{i=1}^{n} F_{iH} = 0 \quad ; \quad \sum_{i=1}^{n} F_{iV} = 0 \quad ; \quad \sum_{i=1}^{n} M_{iD} = 0\,,$$

wobei die horizontale (H) und die vertikale (V) Richtung natürlich auch durch zwei andere nicht zueinander parallele Richtungen ersetzt werden dürfen. Der Drehpunkt D für die Momentengleichgewichtsbedingung ist ebenfalls beliebig. Auch die positive Drehrichtung kann man mathematisch positiv ($\cap$: im Gegenuhrzeigersinn) oder mathematisch negativ ($\cup$: im Uhrzeigersinn) wählen, da dies mathematisch lediglich eine „Durchmultiplikation" der Momentengleichung mit -1 bedeutet.

Aufgabe 4.1: Berechnen Sie die Stützkräfte des Tragwerkes (Abb. 4.1.1).

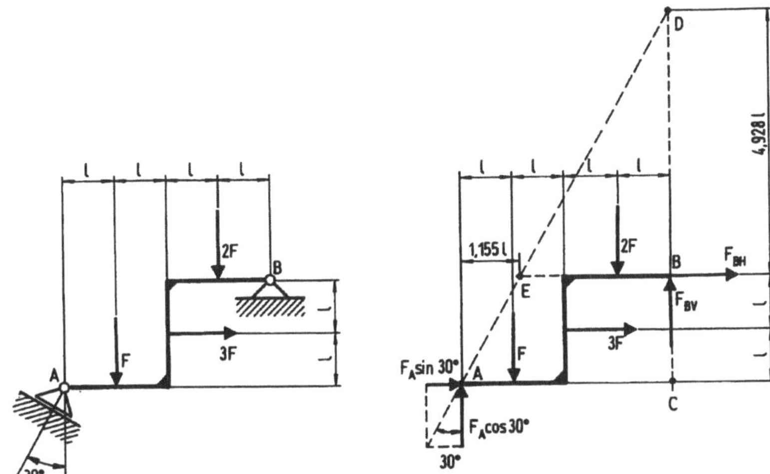

Abbildung 4.1.1: Tragwerk   Abbildung 4.1.2: Tragwerk mit freige-
                                                schnittenen Stützkräften

Zur Lösung der vorliegenden Aufgabe trennt man die Lager von dem Tragwerk (*Frei-schneiden*) und zeichnet die dadurch freigelegten Stützkräfte ein (Abb. 4.1.2). Deren Richtungssinn ist natürlich vorerst unbekannt, so daß man diesen beliebig annimmt. Stimmt die Annahme, so erhält man die betreffende Stützkraft mit einem positiven Vorzeichen. Ein negatives Vorzeichen im Ergebnis bedeutet, daß die Stützkraft gerade entgegengesetzt zum gewählten Richtungssinn verläuft. (*Achtung*: In diesem Falle darf man aber nicht den Fehler begehen und die Kraftrichtung in der Zeichnung ändern, denn dann wäre ja die aufgeschriebene Gleichgewichtsbedingung falsch!!)

Die vorliegende Aufgabe ist mit $a = 3, g = 0$ und $n = 1$ $(3 + 2 \cdot 0 = 3 = 3 \cdot 1)$ statisch bestimmt, und so ergeben sich mit $\sin 30° = 0,5$ und $\cos 30° = 0,8860$ folgende drei Gleichgewichtsbedingungen

$$\sum_{(i)} F_{iH} = 0 \quad : \quad F_A \, 0,5000 + 3F + F_{BH} \qquad\qquad = 0,$$

$$\sum_{(i)} F_{iV} = 0 \quad : \quad F_A \, 0,8860 - F - 2F + F_{BV} \qquad\qquad = 0,$$

$$\circlearrowright \sum_{(i)} M_{iA} = 0 \quad : \quad -F \cdot l - 3F \cdot l - 2F \cdot 3l - F_{BH} \cdot 2l + F_{BV} \cdot 4l = 0.$$

Aus ihnen erhält man die drei Stützkräfte

$$F_A = 3,247\, F \quad ; \quad F_{BH} = -4,624\, F \quad ; \quad F_{BV} = 0,188\, F .$$

Bei der Lösung dreier Gleichungen mit drei Unbekannten können natürlich Fehler auftreten, die sich fortpflanzen. So strebt man an, nach Möglichkeit Gleichungen mit nur je einer Unbekannten aufzustellen. Bei einem Tragwerk der vorliegenden Art ist das der Fall, wenn man drei Momentengleichgewichtsbedingungen um den Punkt B (für die Kraft F_A), um den Punkt D (für die Kraft F_{BH}) und um den Punkt E (für die Kraft F_{BV}) formuliert:

$$\circlearrowright \sum_{(i)} M_{iB} = 0 \ : \quad 0,8660 F_A \cdot 4l - 0,5 F_A \cdot 2l - F \cdot 3l - 3F \cdot l - 2F \cdot l \ = \ 0$$

$$\to \quad F_A \ = \ 3,247\,F\,,$$

$$\circlearrowleft \sum_{(i)} M_{iD} = 0 \ : \quad F \cdot 3l + 3F \cdot 5,928\,l + 2F \cdot l + F_{BH} \cdot 4,928\,l \quad = \ 0$$

$$\to \quad F_{BH} = -4,623\,F\,,$$

$$\circlearrowleft \sum_{(i)} M_{iE} = 0 \ : \quad F \cdot 0,155\,l + 3F \cdot l - 2F \cdot 1,845\,l + F_{BV} \cdot 2,845\,l \quad = \ 0$$

$$\to \quad F_{BV} \ = \ 0,188\,F\,.$$

Bei dieser Variante besteht der Vorteil, daß man das Ergebnis bequem mit Hilfe der Kräftegleichgewichtsbedingungen kontrollieren kann. Wir schreiben

$$\sum_{(i)} F_{iH} \ \overset{?}{=} \ 0 : \quad 0,5 F_A + 3F + F_{BH} = 0,5 \cdot 3,247F + 3F + (-4,623F) = 0\,,$$

$$\sum_{(i)} F_{iV} \ \overset{?}{=} \ 0 : \quad 0,8660 F_A - 3F + F_{BV} = 0,8660 \cdot 3,247F - 3F + 0,188F = 0\,.$$

Aufgabe 4.2: Ermitteln Sie die Stützgrößen des Rahmentragwerkes (Abb. 4.2.1).
Gegeben: $q_o = 100,0\,\mathrm{N/m}$, $l = 2,0\,\mathrm{m}$.

Wir schneiden das statisch bestimmte Tragwerk ($a = 3, g = 0, n = 1$) frei und zeichnen die drei Stützkräfte ein (Abb. 4.2.2). Die Linienkräfte werden durch ihre Resultierenden $\frac{1}{2} q_o \cdot 2,4\,l = 1,2 q_o l$ im Abstand $\frac{1}{3} 2,4\,l = 0,8\,l$ vom Punkt A entfernt und $q_o \cdot 2l = 2q_o l$ in der Mitte der Linienkraft ersetzt. Dann berechnet man die gesuchten Kräfte aus einer Kräftegleichgewichtsbedingung und zwei Momentengleichgewichtsbedingungen:

$$\sum_{(i)} F_{iH} = 0 \ : \quad 1,2 q_o l - F_{BH} = 0 \qquad \to \quad F_{BH} = 1,2\,q_o l = 240,0\,\mathrm{N}\,,$$

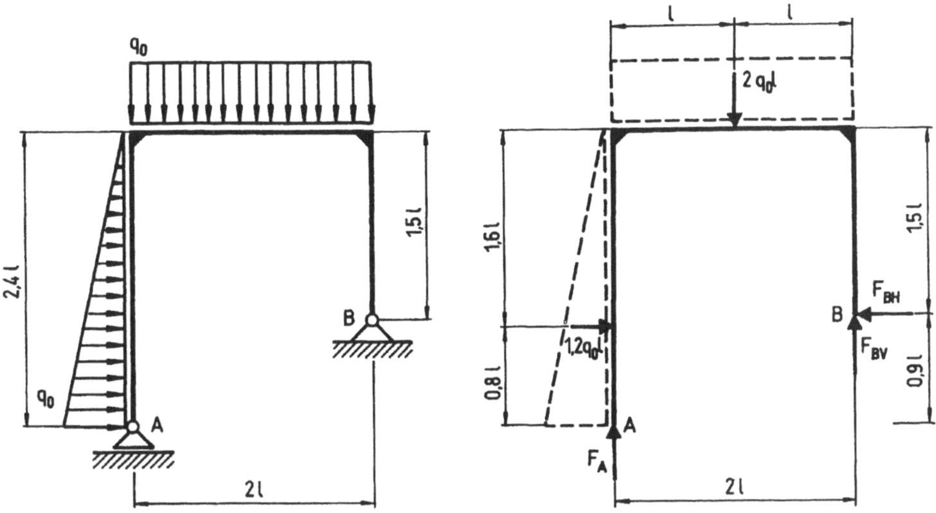

Abbildung 4.2.1: Tragwerk

Abbildung 4.2.2: Tragwerk mit freigeschnittenen Stützkräften

$$\overset{\rhd}{\curvearrowleft} \sum_{(i)} M_{iB} = 0 \quad : \quad F_A \cdot 2l - 1,2 q_o l \cdot 0,1l - 2 q_o l \cdot l = 0$$

$$\rightarrow \quad F_A = 1,06\, q_o l = 212,0\,\mathrm{N}\,,$$

$$\overset{\lhd}{\curvearrowright} \sum_{(i)} M_{iA} = 0 \quad : \quad -1,2 q_o l \cdot 0,8l - 2 q_o l \cdot l + F_{BH} \cdot 0,9l + F_{BV} \cdot 2l = 0$$

$$\rightarrow \quad F_{BV} = 0,94\, q_o l = 188,0\,\mathrm{N}\,.$$

Die zweite Gleichgewichtsbedingung für die Kräfte können wir zur Kontrolle der Ergebnisse verwenden:

$$\sum_{(i)} F_{iV} \overset{?}{=} 0 \quad : \quad F_A + F_{BV} - 2 q_o l = 1,06\, q_o l + 0,94\, q_o l - 2 q_o l = 0\,.$$

4.2 Dreigelenkbögen

Der *Dreigelenkbogen* gehört zu den mehrteiligen Tragwerken. Die $n = 2$ Tragwerkteile sind durch $g = 1$ Gelenk miteinander verbunden, so daß mit den $a = 4$ Stützkräften der Dreigelenkbogen wegen $a + 2g = 3n = 4 + 2 \cdot 1 = 6 = 3 \cdot 2$ statisch bestimmt ist. Bei der Aufstellung der an jedem Tragwerkteil und am Gesamttragwerk zu erfüllenden je drei Gleichgewichtsbedingungen kann man sich wiederum diejenigen heraussuchen, die eine einfache Berechnung ermöglichen. Die restlichen dienen dann zur Kontrolle der Ergebnisse.

Aufgabe 4.3: Ermitteln Sie die Stütz- und Gelenkkräfte des in Abb. 4.3.1 dargestellten Dreigelenkbogens.

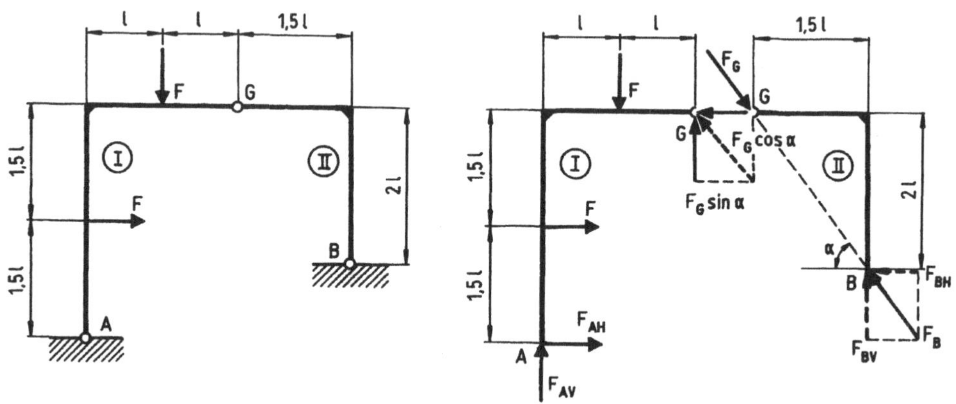

Abbildung 4.3.1: Dreigelenkbogen   Abbildung 4.3.2: Freigeschnittenes
                                                        Tragwerk

Das vorliegende Tragwerk ist dadurch ausgezeichnet, daß der Tragwerkteil II unbelastet ist und somit die Stützkraft F_B und die Gelenkkraft F_G eine Gleichgewichtsgruppe bilden: Sie müssen gleich groß und entgegengesetzt gerichtet sein und die gleiche Wirkungslinie besitzen (Abb. 4.3.2).

Es gilt also am *Tragwerkteil II*: $\rightarrow$ $F_B = F_G$.

Mit

$$\cos\alpha = \frac{1,5}{\sqrt{1,5^2 + 2^2}} = 0,6 \quad ; \quad \sin\alpha = \frac{2}{\sqrt{1,5^2 + 2^2}} = 0,8$$

folgen aus drei Gleichgewichtsbedingungen am *Tragwerkteil I*:

$$\circlearrowleft \sum_{(i)} M_{iA} = 0 \quad : \quad F \cdot 1,5\,l + F \cdot l - 0,6F_G \cdot 3\,l - 0,8F_G \cdot 2\,l = 0$$

$$\rightarrow \quad F_G = \ 0,735\,F\,,$$

$$\sum_{(i)} F_{iV} = 0 \quad : \quad F_{AV} - F + 0,8\,F_G = 0 \qquad \rightarrow \quad F_{AV} = \ 0,412\,F\,,$$

$$\sum_{(i)} F_{iH} = 0 \quad : \quad F_{AH} + F - 0,6\,F_G = 0 \qquad \rightarrow \quad F_{AH} = -0,559\,F\,.$$

Die erste Kontrolle bezieht sich auf die Momentengleichgewichtsbedingung am *Tragwerkteil I* um das Gelenk G:

$$\circlearrowleft \sum_{(i)} M_{iG} \overset{?}{=} 0 : \quad F_{AV} \cdot 2l - F_{AH} \cdot 3l - F \cdot 1,5l - F \cdot l$$

$$= 0,412\, F \cdot 2l - (-0,559\, F) \cdot 3l - F \cdot 1,5l - F \cdot l = 0\,.$$

Mit der Gelenkkraft F_G erhält man schließlich für die Stützkraft im Gelenk B

$$F_{BH} = F_{GH} = F_G \cos\alpha = 0,735\, F \cdot 0,6 = 0,441\, F\,,$$

$$F_{BV} = F_{GV} = F_G \sin\alpha = 0,735\, F \cdot 0,8 = 0,588\, F\,.$$

Am Schluß der Berechnung prüfen wir die Kräftegleichgewichtsbedingungen am *Gesamttragwerk*:

$$\sum_{(i)} F_{iV} \overset{?}{=} 0 : \quad F_{AV} - F + F_{BV} = 0,412\, F - F + 0,588\, F = 0\,,$$

$$\sum_{(i)} F_{iH} \overset{?}{=} 0 : \quad F_{AH} + F - F_{BH} = -0,559\, F + F - 0,441\, F = 0\,.$$

Aufgabe 4.4: Berechnen Sie die Stütz- und Gelenkkräfte des Dreigelenkbogens.

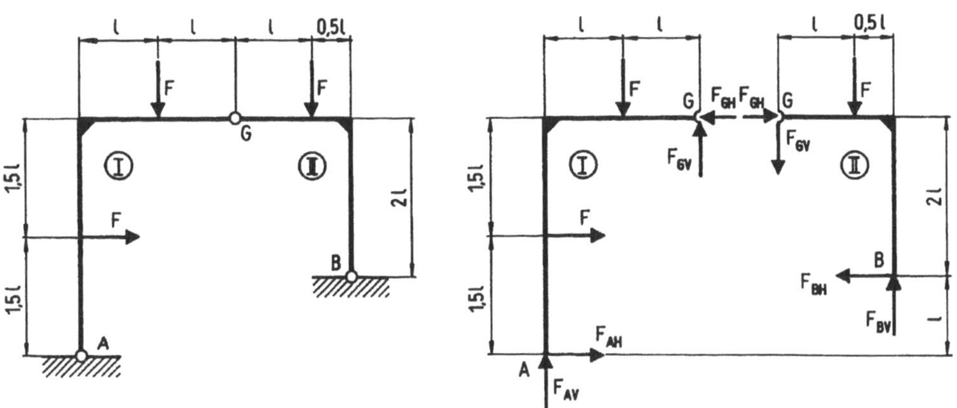

Abbildung 4.4.1: Dreigelenkbogen   Abbildung 4.4.2: Freigeschnittenes Tragwerk

Dieser Dreigelenkbogen unterscheidet sich von dem der Aufgabe 4.3 nur dadurch, daß die rechte Seite belastet ist (Abb. 4.4.1). Diese Tatsache macht die Lösung der Aufgabe etwas schwieriger, da es – zunächst – keine Gleichgewichtsbedingung gibt, aus der man sofort eine Unbekannte ermitteln könnte. Man kommt also nicht umhin, für die sechs Stütz- und Gelenkkräfte sechs Gleichgewichtsbedingungen aufzuschreiben (Abb. 4.4.2).

Gesamttragwerk:

$$\sum_{(i)} F_{iH} = 0 \quad : \quad F_{AH} + F - F_{BH} \qquad\qquad\qquad = 0\,,$$

$$\sum_{(i)} F_{iV} = 0 \quad : \quad F_{AV} - F - F + F_{BV} \qquad\qquad\quad = 0\,,$$

$$\circlearrowleft \sum_{(i)} M_{iB} = 0 \quad : \quad -F_{AV} \cdot 3,5\,l + F_{AH} \cdot l - F \cdot 0,5\,l + F \cdot 2,5\,l + F \cdot 0,5\,l = 0\,.$$

Tragwerkteil II:

$$\sum_{(i)} F_{iH} = 0 \quad : \quad F_{GH} - F_{BH} \qquad\qquad = 0\,,$$

$$\sum_{(i)} F_{iV} = 0 \quad : \quad -F_{GV} - F + F_{BV} \qquad = 0\,,$$

$$\circlearrowleft \sum_{(i)} M_{iG} = 0 \quad : \quad -F_{BH} \cdot 2\,l + F_{BV} \cdot 1,5\,l - F \cdot l = 0\,.$$

Nach kurzer Berechnung erhält man die Kraftgrößen

$$F_{AH} = -0,441\,F \quad ; \quad F_{BH} = 0,559\,F \quad ; \quad F_{GH} = 0,559\,F\,,$$

$$F_{AV} = 0,588\,F \quad ; \quad F_{BV} = 1,412\,F \quad ; \quad F_{GV} = 0,412\,F\,.$$

Die in dieser Berechnung noch nicht benutzten Gleichgewichtsbedingungen stehen als Kontrolle zur Verfügung.

Es folgt

$$\sum_{(i)} F_{iV} \stackrel{?}{=} 0 \quad : \quad F_{AV} - F + F_{GV} = 0,588\,F - F + 0,412\,F = 0\,,$$

$$\sum_{(i)} F_{iH} \stackrel{?}{=} 0 \quad : \quad F_{AH} + F - F_{GH} = -0,441\,F + F - 0,559\,F = 0\,,$$

$$\circlearrowright \sum_{(i)} M_{iG} \stackrel{?}{=} 0 \quad : \quad F_{AV} \cdot 2\,l - F_{AH} \cdot 3\,l - F \cdot 1,5\,l - F \cdot l$$

$$= 0,588\,F \cdot 2\,l - (-0,441\,F) \cdot 3\,l - 2,5\,F \cdot l = 0\,.$$

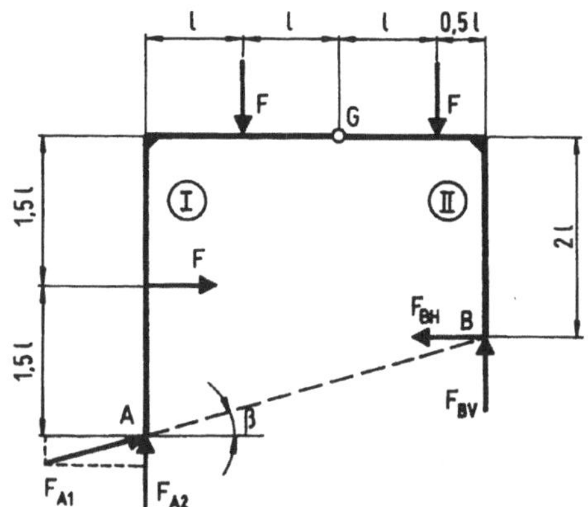

Auch bei diesem Tragwerk läßt sich mit einem kleinen „Kunstgriff" *eine* Stützkraft sofort aus *einer* Gleichgewichtsbedingung bestimmen (Abb. 4.4.3) und damit die Lösung wesentlich vereinfachen.

Dazu zeichnet man die Verbindungslinie der beiden Lager A und B ein und zerlegt am linken Auflager A die Stützkraft F_A in eine senkrechte Komponente F_{A2} und eine Komponente F_{A1} in Richtung der Verbindungslinie $\overline{AB}$.

Abbildung 4.4.3: Freigeschnittenes Tragwerk

Mit den Winkelfunktionen

$$\tan\beta = \frac{1,0}{3,5} = 0,2857 \quad\rightarrow\quad \beta = 15,95° ; \quad \sin\beta = 0,27472 ; \quad \cos\beta = 0,96152$$

erhält man aus der Momentengleichgewichtsbedingung am *Gesamttragwerk* um den Punkt B sofort

$$\circlearrowright \sum_{(i)} M_{iB} = 0 : \quad F_{A2} \cdot 3,5l + F \cdot 0,5l - F \cdot 2,5l - F \cdot 0,5l = 0$$

$$\rightarrow \quad F_{A2} = 0,7143\,F$$

und aus der Momentengleichgewichtsbedingung am *Tragwerkteil I* um G

$$\circlearrowright \sum_{(i)} M_{iG} = 0 : \quad F_{A1}\cos\beta \cdot 3l - F_{A1}\sin\beta \cdot 2l - F_{A2} \cdot 2l + F \cdot 1,5l + F \cdot l$$

$$= F_{A1}(0,96152 \cdot 3l - 0,27472 \cdot 2l) - 0,7143\,F \cdot 2l + F \cdot 2,5l = 0$$

$$\rightarrow \quad F_{A1} = -0,4588\,F .$$

Die Projektion dieser beiden Kräfte in die horizontale und vertikale Richtung liefert

$$F_{AV} = F_{A1}\sin\beta + F_{A2} = -0,4588\,F \cdot 0,27472 + 0,7143\,F = 0,588\,F ,$$

$$F_{AH} = F_{A1}\cos\beta = -0,4588\,F \cdot 0,96152 = -0,441\,F .$$

Diese Stützkräfte stimmen natürlich mit den zuvor ermittelten überein. Die Berechnung der weiteren Stütz- und Gelenkkräfte geschieht dann in bekannter Weise.

Aufgabe 4.5: Für den in Abb. 4.5.1 dargestellten Dreigelenkbogen sind die Stütz- und Gelenkkräfte zu ermitteln.

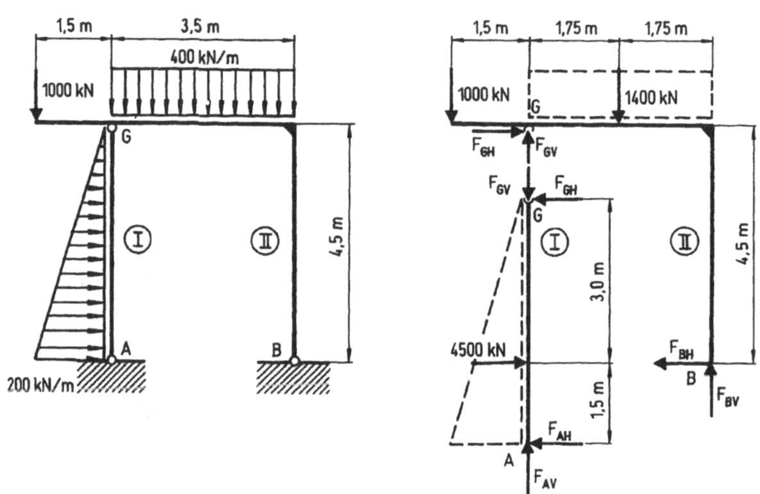

Abbildung 4.5.1: Dreigelenkbogen   Abbildung 4.5.2: Freigeschnittenes Tragwerk

Die Lösung dieser Aufgabe soll so erfolgen, wie es in einer *Technischen Mechanik-Klausur* nötig und hinreichend ist. Zuerst werden die Lager A, B und das Gelenk G freigeschnitten und die Stütz- und Gelenkkräfte mit beliebigem Richtungssinn eingetragen. Weiterhin faßt man die Linienkräfte zu ihrer Resultierenden zusammen (Abb. 4.5.2). Aus sechs passend gewählten Gleichgewichtsbedingungen erhält man die gesuchten Größen. Schließlich wird man noch Kontrollen durchführen, da es immer Gleichgewichtsbedingungen gibt, die zur Lösung nicht herangezogen worden sind.

Gesamttragwerk:

$$\circlearrowright \sum_{(i)} M_{iB} = 0 \quad : \quad F_{AV} \cdot 3,5 + 4500,0 \cdot 1,5 - 1000,0 \cdot 5,0 - 1400,0 \cdot 1,75 = 0$$

$$\rightarrow \quad F_{AV} = 200,0\,\text{kN}\,,$$

$$\circlearrowleft \sum_{(i)} M_{iA} = 0 \quad : \quad F_{BV} \cdot 3,5 - 1400,0 \cdot 1,75 + 1000,0 \cdot 1,5 - 4500,0 \cdot 1,5 = 0$$

$$\rightarrow \quad F_{BV} = 2200,0\,\text{kN}\,;$$

Tragwerkteil I:

$$\circlearrowright \sum_{(i)} M_{iG} = 0 \quad : \quad F_{AH} \cdot 4,5 - 4500,0 \cdot 3,0 = 0 \qquad \rightarrow \quad F_{AH} = 3000,0\,\text{kN}\,,$$

$$\sum_{(i)} F_{iH} = 0 \quad : \quad F_{AH} - 4500,0 + F_{GH} = 3000,0 - 4500,0 + F_{GH} = 0$$

$$\rightarrow \quad F_{GH} = 1500,0\,\text{kN}\,,$$

$$\sum_{(i)} F_{iV} = 0 \quad : \quad F_{AV} - F_{GV} = 200,0 - F_{GV} = 0 \quad \rightarrow \quad F_{GV} = \ 200,0\,\text{kN}\,;$$

Tragwerkteil II:

$$\circlearrowleft \sum_{(i)} M_{iG} = 0 \quad : \quad F_{BH} \cdot 4,5 - 2200,0 \cdot 3,5 + 1400,0 \cdot 1,75 - 1000,0 \cdot 1,5 = 0$$

$$\rightarrow \quad F_{BH} = 1500,0\,\text{kN}\,.$$

Kontrollen

Gesamttragwerk:

$$\sum_{(i)} F_{iV} \stackrel{?}{=} 0 :$$

$$F_{AV} - 1000,0 - 1400,0 + F_{BV} = 200,0 - 1000,0 - 1400,0 + 2200,0 = 0\,,$$

$$\sum_{(i)} F_{iH} \stackrel{?}{=} 0 : \qquad F_{AH} - 4500,0 + F_{BH} = 3000,0 - 4500,0 + 1500,0 = 0\,;$$

Tragwerkteil II:

$$\sum_{(i)} F_{iV} \stackrel{?}{=} 0 :$$

$$F_{BV} - 1400,0 + F_{GV} - 1000,0 = 2200,0 - 1400,0 + 200,0 - 1000,0 = 0\,,$$

$$\sum_{(i)} F_{iH} \stackrel{?}{=} 0 : \qquad F_{BH} - F_{GH} = 1500,0 - 1500,0 = 0\,.$$

4.3 Gerber-Träger

Unter einem GERBER-*Träger* versteht man ein mehrteiliges Tragwerk, dessen einzelne Teile so durch Gelenke miteinander verbunden sind, daß ein statisch bestimmtes Tragwerk entsteht. Die Vorgehensweise bei der Berechnung derartiger GERBER-Träger ist die gleiche wie bei den Dreigelenkbögen: Nach Feststellung der statischen Bestimmtheit trennt man das Tragwerk von seinen Auflagern und in den Gelenken, zeichnet die Stützgrößen (Kräfte und Momente) und die Gelenkkräfte ein, faßt eventuelle Linienkräfte zu ihren Resultierenden zusammen und bestimmt dann die gesuchten Kraftgrößen mit Hilfe der Gleichgewichtsbedingungen. Dabei beginnt man immer mit einem Tragwerkteil, an dem höchstens drei unbekannte Kräfte wirken. Die üblichen Kontrollen beenden die Berechnung.

Aufgabe 4.6: Bestimmen Sie die Stütz- und Gelenkkräfte des gegebenen GERBER-Trägers (Abb. 4.6.1).

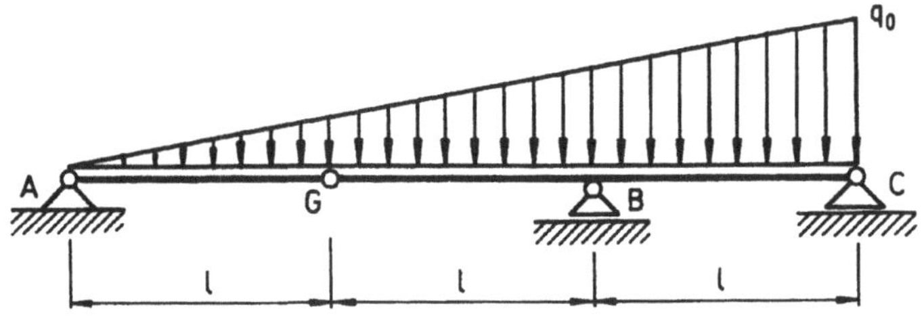

Abbildung 4.6.1: Zweiteiliger GERBER-Träger

Das vorgelegte Tragwerk ist mit $a = 4$ Stützgrößen, $g = 1$ Gelenk und $n = 2$ Tragwerkteilen wegen $a + 2g = 4 + 2 \cdot 1 = 6 = 3 \cdot 2$ statisch bestimmt.

Variante 1:

In dieser Variante (Abb. 4.6.2) zeigen wir, daß man zu falschen Ergebnissen kommt, wenn man die Resultierende der dreieckförmigen Linienkraft als Resultierende des gesamten Trägers zusammenfaßt (sie liegt über dem Lager B). Man erkennt, daß dann $F_B = \frac{3}{2}q_0 l$ wird, und alle anderen Kräfte Null sind. Und das ist falsch!

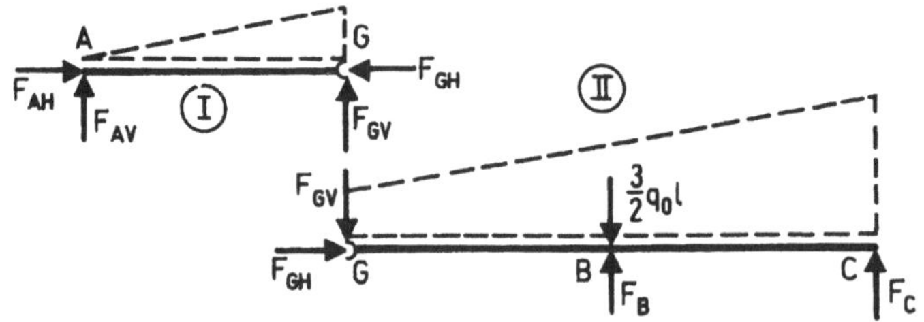

Abbildung 4.6.2: GERBER-Träger mit falscher Lastannahme

Variante 2:

Die Resultierenden der Linienkraft dürfen erst *nach* Trennung des Tragwerkes an den einzelnen Teilen eingetragen werden (Abb. 4.6.3). Das sind am Tragwerkteil I die Resultierende $\frac{1}{6}q_0 l$ der Dreieckbelastung und am Tragwerkteil II eine Resultierende $\frac{2}{3}q_0 l$ der Rechteckbelastung und eine Resultierende $\frac{2}{3}q_0 l$ der Dreieckbelastung.

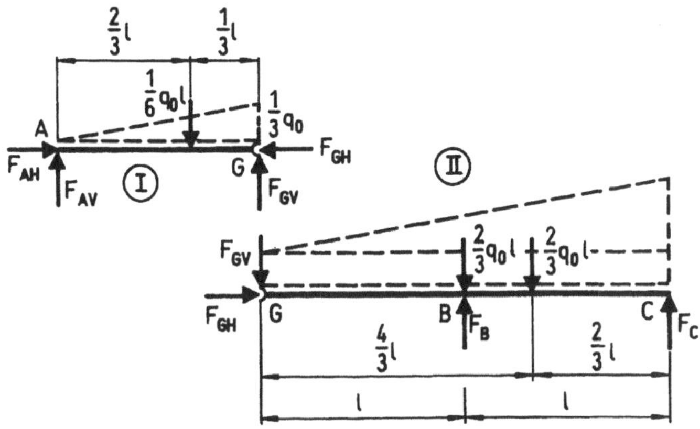

Abbildung 4.6.3: Freigeschnittenes Tragwerk

Tragwerkteil I:

$$\circlearrowright \sum_{(i)} M_{iG} = 0 \quad : \quad F_{AV} \cdot l - \frac{1}{6}q_o l \cdot \frac{1}{3}l = 0 \quad \rightarrow \quad F_{AV} = \frac{1}{18}q_o l\,,$$

$$\circlearrowleft \sum_{(i)} M_{iA} = 0 \quad : \quad F_{GV} \cdot l - \frac{1}{6}q_o l \cdot \frac{2}{3}l = 0 \quad \rightarrow \quad F_{GV} = \frac{1}{9}q_o l\,.$$

Kontrolle am *Tragwerkteil I*:

$$\sum_{(i)} F_{iV} \overset{?}{=} 0 \quad : \quad F_{AV} - \frac{1}{6}q_o l + F_{GV} = \frac{1}{18}q_o l - \frac{1}{6}q_o l + \frac{2}{18}q_o l = 0\,.$$

Tragwerkteil II:

$$\circlearrowright \sum_{(i)} M_{iC} = 0 : \quad -F_{GV} \cdot 2l - \frac{2}{3}q_o l \cdot l + F_B \cdot l - \frac{2}{3}q_o l \cdot \frac{2}{3}l = 0 \quad \rightarrow F_B = \frac{4}{3}q_o l\,,$$

$$\circlearrowleft \sum_{(i)} M_{iG} = 0 : \quad F_B \cdot l - \frac{2}{3}q_o l \cdot l - \frac{2}{3}q_o l \cdot \frac{4}{3}l + F_C \cdot 2l = 0 \quad \rightarrow F_C = \frac{1}{9}q_o l\,,$$

$$\sum_{(i)} F_{iH} = 0 : \quad F_{GH} = 0 \qquad\qquad\qquad\qquad\qquad \rightarrow F_{GH} = 0\,.$$

Kontrollen am *Tragwerkteil II* und am *Gesamttragwerk*:

$$\sum_{(i)} F_{iV} \overset{?}{=} 0 : \quad -F_{GV} - \frac{2}{3}q_o l + F_B - \frac{2}{3}q_o l + F_C = -\frac{1}{9}q_o l - \frac{4}{3}q_o l + \frac{4}{3}q_o l + \frac{1}{9}q_o l = 0\,,$$

$$\sum_{(i)} F_{iV} \overset{?}{=} 0 : \quad F_{AV} + F_B + F_C - \frac{3}{2}q_o l = \frac{1}{18}q_o l + \frac{4}{3}q_o l + \frac{1}{9}q_o l - \frac{3}{2}q_o l = 0\,.$$

Aufgabe 4.7: Für das in Abb. 4.7.1 gezeichnete Tragwerk sind die Stützgrößen und
die Gelenkkräfte zu berechnen.

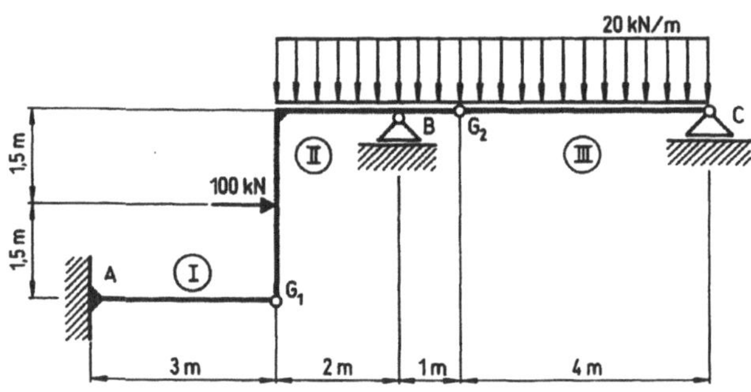

Abbildung 4.7.1: GERBER-Träger

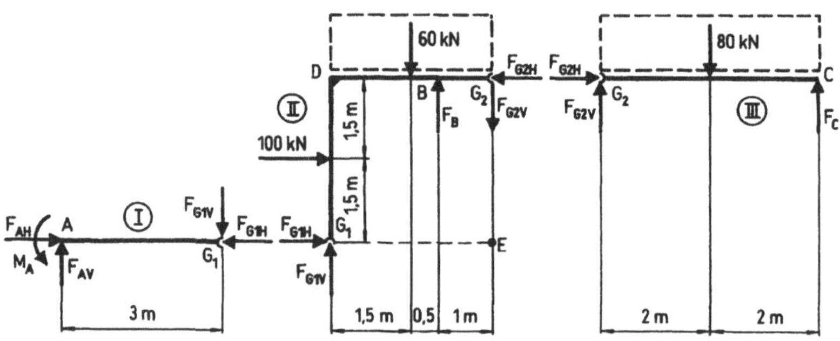

Abbildung 4.7.2: Freigeschnittenes Tragwerk

Der GERBER-Träger ist mit $a = 5$ Stützgrößen, $g = 2$ Gelenken und $n = 3$ Tragwerkteilen (Abb. 4.7.2) wegen $a + 2g = 3n = 5 + 2 \cdot 2 = 9 = 3 \cdot 3$ statisch bestimmt, so daß
die 9 unbekannten Größen aus den 9 zur Verfügung stehenden Gleichgewichtsbedingungen ermittelt werden können.

Tragwerkteil III:

$$\mathclap{\subset^{\triangleright}} \sum_{(i)} M_{iC} = 0 : \quad F_{G_2V} \cdot 4,0 - 80,0 \cdot 2,0 \ = 0 \quad \rightarrow F_{G_2V} = 40,0\,\mathrm{kN}\,,$$

$$\subset_{\triangleright} \sum_{(i)} M_{iG_2} = 0 : \quad F_C \cdot 4,0 - 80,0 \cdot 2,0 \ = 0 \quad \rightarrow F_C \ = 40,0\,\mathrm{kN}\,,$$

$$\sum_{(i)} F_{iV} \ = 0 : \hspace{6cm} \rightarrow F_{G_2H} = \ 0,0\,\mathrm{kN}\,;$$

Tragwerkteil II:

$$\circlearrowleft^{\triangleright} \sum_{(i)} M_{iG_1} = 0 \ : \quad F_{G_2V} \cdot 3,0 - F_B \cdot 2,0 + 60,0 \cdot 1,5 + 100,0 \cdot 1,5 = 0$$

$$\rightarrow F_B \ = \ 180,0\,\text{kN}\,,$$

$$\circlearrowright_{\triangleright} \sum_{(i)} M_{iD} = 0 \ : \quad F_{G_1H} \cdot 3,0 + 100,0 \cdot 1,5 - 60,0 \cdot 1,5 + F_B \cdot 2,0 - F_{G_2V} \cdot 3,0 = 0$$

$$\rightarrow F_{G_1H} = -100,0\,\text{kN}\,,$$

$$\circlearrowleft^{\triangleright} \sum_{(i)} M_{iE} = 0 \ : \quad F_{G_1V} \cdot 3,0 + 100,0 \cdot 1,5 - 60,0 \cdot 1,5 + F_B \cdot 1,0 = 0$$

$$\rightarrow F_{G_1V} = \ -80,0\,\text{kN}\,.$$

Kontrollen am *Tragwerkteil II*:

$$\sum_{(i)} F_{iV} \overset{?}{=} 0 \ : \ F_{G_1V} - 60,0 + F_B - F_{G_2V} = -80,0 - 60,0 + 180,0 - 40,0 = 0\,,$$

$$\sum_{(i)} F_{iH} \overset{?}{=} 0 \ : \qquad\qquad F_{G_1H} + 100,0 - F_{G2H} = -100,0 + 100,0 - 0,0 = 0\,.$$

Tragwerkteil I:

$$\circlearrowright_{\triangleright} \sum_{(i)} M_{iA} = 0 \ : \quad M_A - F_{G_1V} \cdot 3,0 \ = 0 \qquad \rightarrow M_A \quad = -240,0\,\text{kNm}\,,$$

$$\sum_{(i)} F_{iV} \ = 0 \ : \quad F_{AV} - F_{G_1V} \qquad = 0 \qquad \rightarrow F_{AV} \quad = \ -80,0\,\text{kN}\,,$$

$$\sum_{(i)} F_{iH} \ = 0 \ : \quad F_{AH} - F_{G_1H} \qquad = 0 \qquad \rightarrow F_{AH} \quad = -100,0\,\text{kN}\,.$$

Kontrollen am *Gesamttragwerk*:

$$\sum_{(i)} F_{iH} \overset{?}{=} 0 \ : \quad F_{AH} + 100,0 = -100,0 + 100,0 = 0\,,$$

$$\sum_{(i)} F_{iV} \overset{?}{=} 0 \ : F_{AV} + F_B + F_C - 140,0 = -80,0 + 180,0 + 40,0 - 140,0 = 0\,.$$

5 Ebene Fachwerke

Als *ideales Fachwerk* bezeichnet man ein Tragwerk, daß nur aus einzelnen geraden Stäben besteht, die mit ihren Endpunkten in Gelenken zusammengefügt sind. Die äußeren Kräfte greifen nur in den Knoten an. Ein Fachwerk ist *statisch bestimmt*, wenn sich bei k Gelenken die a unbekannten Stützkräfte und die s unbekannten Stabkräfte aus den $2\,k$ Gleichgewichtsbedingungen ausrechnen lassen. Es gilt

$$a + s = 2\,k\,.$$

Die *Gleichgewichtsbedingungen* lauten (n ist die Anzahl der in einem Gelenk zusammenstoßenden Stäbe)

$$\sum_{i=1}^{n} F_{SiH} = 0 \quad ; \quad \sum_{i=1}^{n} F_{SiV} = 0\,.$$

Aufgabe 5.1: Für das in Abb. 5.1.1 dargestellte Fachwerk sind die Stabkräfte F_{S4}, F_{S15} und F_{S26} zu ermitteln.

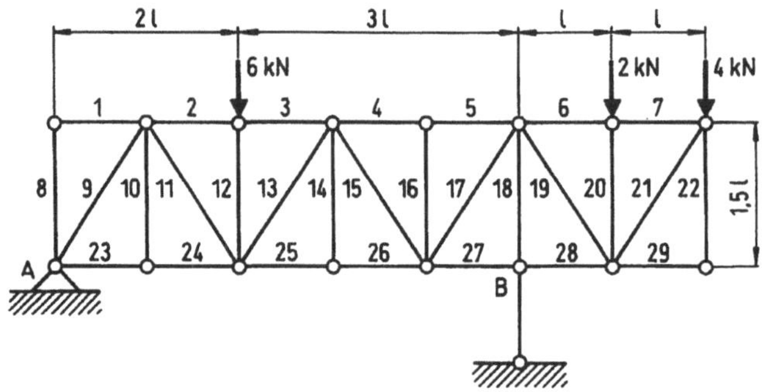

Abbildung 5.1.1: Fachwerk

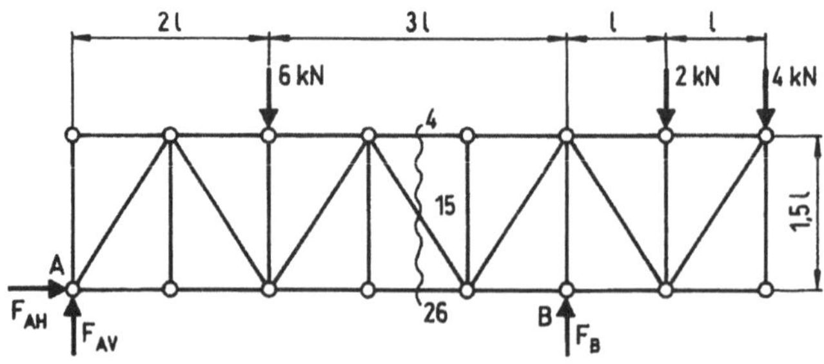

Abbildung 5.1.2: Freigeschnittenes Fachwerk mit RITTER-Schnitt

Das Fachwerk ist mit $a = 3$ Stützkräften, $s = 29$ Stäben und $k = 16$ Knoten wegen $3 + 29 = 32 = 2 \cdot 16$ statisch bestimmt. Da nur 3 Stabkräfte gesucht sind, wenden wir das RITTER-Schnitt-Verfahren an und legen den RITTER-Schnitt durch die Stäbe 4, 15 und 26 (Abb. 5.1.2).

Zunächst werden die Stützkräfte berechnet:

$$\circlearrowleft \sum_{(i)} M_{iA} = 0 \quad : \quad -6,0 \cdot 2l + F_B \cdot 5l - 2,0 \cdot 6l - 4,0 \cdot 7l = 0 \quad \rightarrow F_B = 10,4\,\text{kN},$$

$$\circlearrowright \sum_{(i)} M_{iB} = 0 \quad : \quad F_{AV} \cdot 5l - 6,0 \cdot 3l + 2,0 \cdot l + 4,0 \cdot 2l = 0 \quad \rightarrow F_{AV} = 1,6\,\text{kN},$$

$$\sum_{(i)} F_{iH} = 0 \quad : \qquad\qquad\qquad\qquad\qquad\qquad\qquad F_{AH} = 0,0\,\text{kN}.$$

Die Kontrolle liefert

$$\sum_{(i)} F_{iV} \stackrel{?}{=} 0 \quad : \quad F_{AV} - 6,0 + F_B - 2,0 - 4,0 = 0.$$

Nun trennt man die beiden geschnittenen Fachwerkteile voneinander und trägt die unbekannten Stabkräfte F_{S4}, F_{S15}, F_{S26} *vom Knoten weg* ein. Das kann sowohl am linken (Abb. 5.1.3) als auch am rechten (Abb. 5.1.4) Fachwerkteil erfolgen.

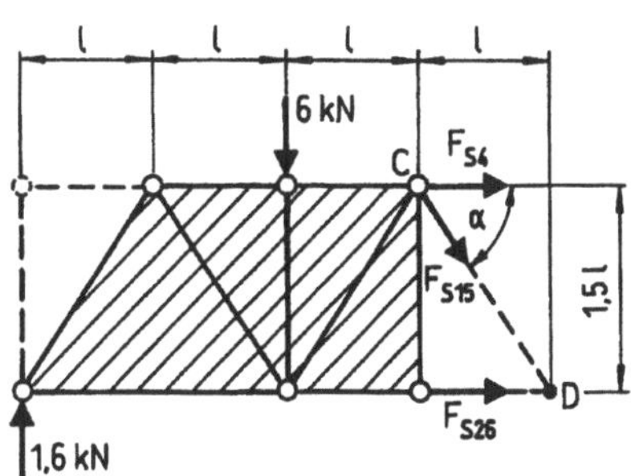

Abbildung 5.1.3: Linker Fachwerkteil

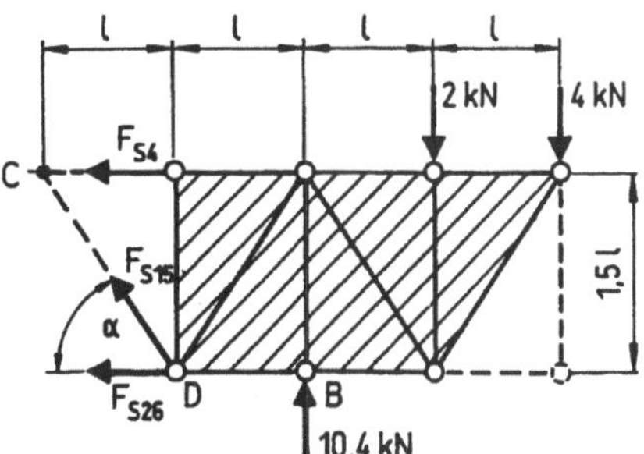

Abbildung 5.1.4: Rechter Fachwerkteil

Die gesuchten Stabkräfte werden nach Möglichkeit aus Momentengleichgewichtsbedingungen berechnet, deren Bezugspunkt man so wählt, daß immer nur *eine* unbekannte Stabkraft in die Gleichung eingeht. Für die Stabkraft F_{S4} bilden wir am rechten Fachwerkteil (Abb. 5.1.4) das Momentengleichgewicht um den Punkt D und für die Stabkraft F_{S26} das Momentengleichgewicht um den Punkt C (Daß die Punkte D und C gleichzeitig Fachwerkgelenke sind, liegt lediglich an der Geometrie des Fachwerkes. Entscheidend ist der Umstand, daß sie die Schnittpunkte der jeweils anderen

beiden Stabkräfte sind). Für die Stabkraft F_{S15} muß man dagegen eine Kräftegleichgewichtsbedingung heranziehen.

Mit den Winkelfunktionen $\sin\alpha = 1,5/\sqrt{1,5^2 + 1,0^2} = 0,8321$; $\cos\alpha = 0,5547$
erhält man

$$\circlearrowright \sum_{(i)} M_{iD} = 0 \quad : \quad F_{S4} \cdot 1,5\,l + 10,4 \cdot l - 2,0 \cdot 2l - 4,0 \cdot 3l \quad = 0$$

$$\rightarrow F_{S4} \quad = 3,733\,\text{kN}\,,$$

$$\circlearrowleft \sum_{(i)} M_{iC} = 0 \quad : \quad F_{S26} \cdot 1,5l - 10,4 \cdot 2l + 2,0 \cdot 3l + 4,0 \cdot 4l \quad = 0$$

$$\rightarrow F_{S26} \quad = \quad -0,8\,\text{kN}\,,$$

$$\sum_{(i)} F_{iV} = 0 \quad : \quad F_{S15}\,0,8321 + (10,4 - 2,0 - 4,0) \quad = 0$$

$$\rightarrow F_{S15} \quad = -5,288\,\text{kN}\,.$$

Als Kontrolle muß das Gleichgewicht aller horizontalen Kräfte erfüllt sein:

$$\sum_{(i)} F_{iH} \overset{?}{=} 0 \quad : \quad F_{S4} + F_{S15}\cos\alpha + F_{S26} = 3,733 - 5,288 \cdot 0,5547 - 0,8 = 0\,.$$

Natürlich kann man die Untersuchung auch am linken Fachwerkteil durchführen (Abb.
5.1.3). Man erhält dieselben Stabkräfte:

$$\circlearrowleft \sum_{(i)} M_{iD} = 0 \quad : \quad 1,6 \cdot 4l - 6,0 \cdot 2l + F_{S4} \cdot 1,5l \quad = 0$$

$$\rightarrow F_{S4} \quad = 3,733\,\text{kN}\,,$$

$$\circlearrowright \sum_{(i)} M_{iC} = 0 \quad : \quad -1,6 \cdot 3l + 6,0 \cdot l + F_{S26} \cdot 1,5l \quad = 0$$

$$\rightarrow F_{S26} \quad = \quad -0,8\,\text{kN}\,,$$

$$\sum_{(i)} F_{iV} = 0 \quad : \quad (1,6 - 6,0) - F_{S15}\,0,8321 \quad = 0$$

$$\rightarrow F_{S15} \quad = -5,288\,\text{kN}\,.$$

Der Stab S_4 ist also ein *Zugstab* (die Stabkraft ist positiv), und die Stäbe S_{15} und
S_{26} sind *Druckstäbe* (die Stabkräfte sind negativ).

(*Anmerkung*: Diese Aufgabe ist ein gutes Beispiel dafür, daß es in einem Fachwerk
Stäbe geben kann, die infolge der Geometrie oder auch der Belastung keine Stabkräfte
übertragen – sogenannte *Nullstäbe*. Das sind in diesem Fachwerk die Stabkräfte in den
Stäben $1, 8, 10, 14, 16, 22, 29$. Man findet die Nullstäbe durch einfache Gleichgewichts-
betrachtungen an den Knoten.)

Aufgabe 5.2: Berechnen Sie die Stabkräfte des Fachwerkes (Abb. 5.2.1).

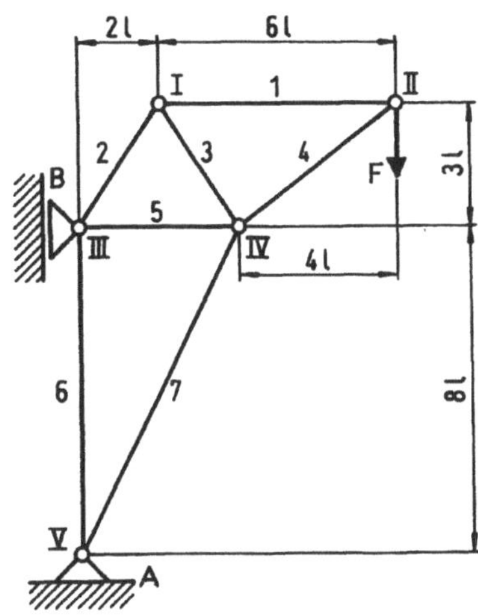

Abbildung 5.2.1: Fachwerk

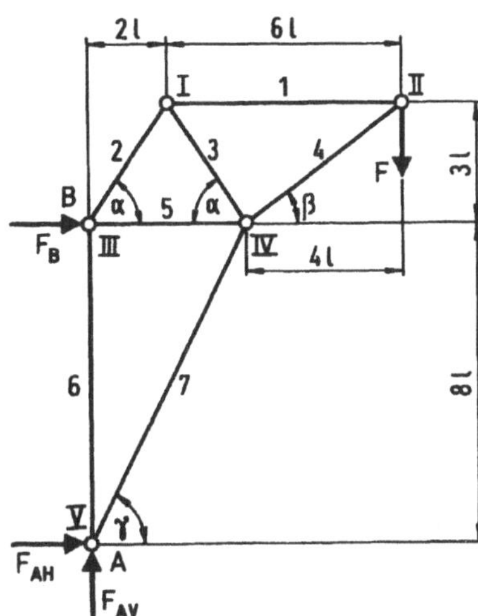

Abbildung 5.2.2: Fachwerk mit Stützkräften

Das Fachwerk wird durch $a = 3$ Stützkräfte gehalten und besitzt $s = 7$ Stäbe. Aus den an den $k = 5$ Knoten zu erfüllenden $2 \cdot 5 = 10$ Gleichgewichtsbedingungen können die 10 Unbekannten ermittelt werden. Wir berechnen die Winkelfunktionen

$$\sin\alpha = \frac{3,0}{\sqrt{3,0^2 + 2,0^2}} = 0,83205 \quad ; \quad \cos\alpha = \frac{2,0}{\sqrt{3,0^2 + 2,0^2}} = 0,55470 ,$$

$$\sin\beta = \frac{3,0}{\sqrt{3,0^2 + 4,0^2}} = 0,60000 \quad ; \quad \cos\beta = \frac{4,0}{\sqrt{3,0^2 + 4,0^2}} = 0,80000 ,$$

$$\sin\gamma = \frac{8,0}{\sqrt{8,0^2 + 4,0^2}} = 0,89443 \quad ; \quad \cos\gamma = \frac{4,0}{\sqrt{8,0^2 + 4,0^2}} = 0,44721 .$$

Variante 1:

In einer ersten Variante wollen wir zunächst die Stützkräfte ermitteln (Abb. 5.2.2):

$$\sum_{(i)} F_{iV} = 0 \quad : \qquad\qquad\qquad \rightarrow F_{AV} = F ,$$

$$\circlearrowright \sum_{(i)} M_{iA} = 0 \quad : \quad F \cdot 8l + F_B \cdot 8l = 0 \quad \rightarrow F_B = -F ,$$

$$\sum_{(i)} F_{iH} = 0 \quad : \quad F_{AH} + F_B = 0 \qquad\quad \rightarrow F_{AH} = F .$$

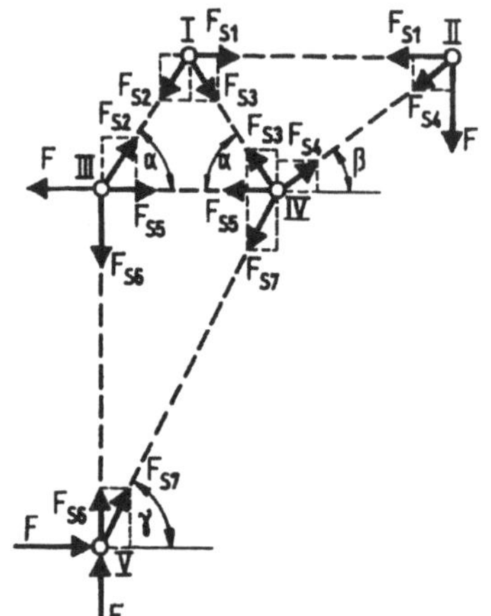

Dann führen wir um jeden Knoten einen *Rundschnitt* (Abb. 5.2.3), tragen die Stabkräfte als *Zugkräfte* ein (*vom Knoten weg!*) und beginnen mit der Aufstellung der Gleichgewichtsbedingungen an einem Knoten, an dem nur zwei unbekannte Stabkräfte auftreten (einen solchen Knoten wird es in den meisten Aufgaben geben). Wir beginnen mit dem *Knoten V*. Die so berechneten Stabkräfte F_{S7} und F_{S6} sind nunmehr an den *Knoten III* und *IV* bekannte Kräfte, so daß aus den 2 Gleichgewichtsbedingungen am *Knoten III* die Stabkräfte F_{S2} und F_{S5} folgen usw.

Abbildung 5.2.3: Rundschnittverfahren
Variante 1

Knoten V:

$$\sum_{(i)} F_{iH} = 0 \quad : \quad F + F_{S7}\cos\gamma = 0 \qquad \rightarrow F_{S7} \ = -2,2361\,F\,,$$

$$\sum_{(i)} F_{iV} = 0 \quad : \quad F + F_{S6} + F_{S7}\sin\gamma = 0 \qquad \rightarrow F_{S6} \ = F\,,$$

Knoten III:

$$\sum_{(i)} F_{iV} = 0 \quad : \quad -F_{S6} + F_{S2}\sin\alpha = 0 \qquad \rightarrow F_{S2} \ = \ 1,2019\,F\,,$$

$$\sum_{(i)} F_{iH} = 0 \quad : \quad -F + F_{S5} + F_{S2}\cos\alpha = 0 \qquad \rightarrow F_{S5} \ = \ 0,3333\,F\,,$$

Knoten I:

$$\sum_{(i)} F_{iV} = 0 \quad : \quad -F_{S2}\sin\alpha - F_{S3}\sin\alpha = 0 \qquad \rightarrow F_{S3} \ = -1,2019\,F\,,$$

$$\sum_{(i)} F_{iH} = 0 \quad : \quad -F_{S2}\cos\alpha + F_{S3}\cos\alpha + F_{S1} = 0 \qquad \rightarrow F_{S1} \ = \ 1,3333\,F\,,$$

Knoten IV:

$$\sum_{(i)} F_{iH} = 0 \quad : \quad -F_{S5} - F_{S3}\cos\alpha - F_{S7}\cos\gamma + F_{S4}\cos\beta = 0$$

$$\rightarrow F_{S4} \ = -1,6667\,F\,.$$

Die Erfüllung des Gleichgewichtes aller vertikalen Kräfte am *Knoten IV* und das Kräftegleichgewicht am *Knoten II* sind eine Kontrolle der Rechnung:

$$\sum_{(i)} F_{iV} \overset{?}{=} 0 \quad : \quad -F_{S7}\sin\gamma + F_{S3}\sin\alpha + F_{S4}\sin\beta = 0\,,$$

$$\sum_{(i)} F_{iH} \overset{?}{=} 0 \quad : \quad -F_{S1} - F_{S4}\cos\beta = 0\,,$$

$$\sum_{(i)} F_{iV} \overset{?}{=} 0 \quad : \quad -F_{S4}\sin\beta - F = 0\,.$$

Variante 2:

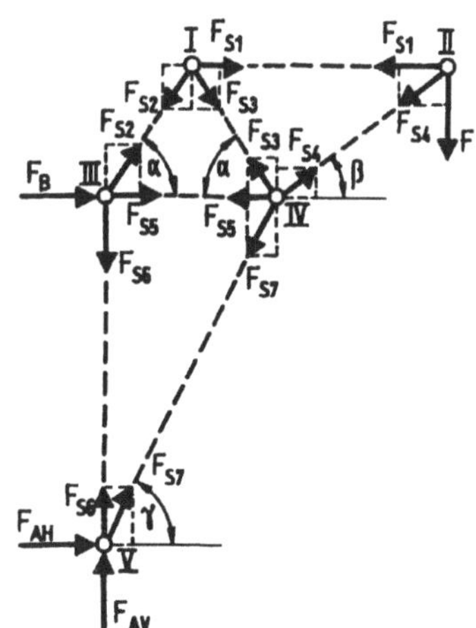

In einer zweiten Variante der Lösung wird gezeigt, daß man auf die vorausgehende Berechnung der Stützkräfte verzichten kann, wenn die Reihenfolge der Stabkraftermittlungen geändert wird. Man beginnt sofort am *Knoten II* (Abb. 5.2.4), da dort nur 2 unbekannte Stabkräfte vorhanden sind. Nach Übertragung der berechneten Stabkräfte F_{S4} und F_{S1} an die Nachbarknoten sind diese an den *Knoten I* und *IV* bekannt, und die Untersuchung kann am *Knoten I* fortgesetzt werden. Die Stützkräfte ergeben sich dann im Laufe der Berechnung an den entsprechenden Knoten.

Abbildung 5.2.4: Rundschnittverfahren
            Variante 2

Knoten II:

$$\sum_{(i)} F_{iV} = 0 \quad : \quad -F_{S4}\sin\beta - F = 0 \qquad\qquad \rightarrow F_{S4} = -1,6667\,F\,,$$

$$\sum_{(i)} F_{iH} = 0 \quad : \quad -F_{S1} - F_{S4}\cos\beta = 0 \qquad\qquad \rightarrow F_{S1} = 1,3333\,F\,,$$

Knoten I:

$$\sum_{(i)} F_{iH} = 0 \quad : \quad -F_{S2}\cos\alpha + F_{S3}\cos\alpha + F_{S1} = 0\,,$$

$$\sum_{(i)} F_{iV} = 0 \quad : \quad -F_{S2}\sin\alpha - F_{S3}\sin\alpha = 0 \qquad \rightarrow F_{S2} \;=\; 1,2019\,F\,,$$

$$\rightarrow F_{S3} \;=\; -1,2019\,F\,,$$

Knoten IV:

$$\sum_{(i)} F_{iV} = 0 \quad : \quad F_{S3}\sin\alpha + F_{S4}\sin\beta - F_{S7}\sin\gamma = 0 \qquad \rightarrow F_{S7} \;=\; -2,2361\,F\,,$$

$$\sum_{(i)} F_{iH} = 0 \quad : \quad -F_{S5} - F_{S3}\cos\alpha - F_{S7}\cos\gamma + F_{S4}\cos\beta = 0$$

$$\rightarrow F_{S5} \;=\; 0,3333\,F\,,$$

Knoten III:

$$\sum_{(i)} F_{iH} = 0 \quad : \quad F_B + F_{S5} + F_{S2}\cos\alpha = 0 \qquad \rightarrow F_B \;=\; -F\,,$$

$$\sum_{(i)} F_{iV} = 0 \quad : \quad -F_{S6} + F_{S2}\sin\alpha = 0 \qquad \rightarrow F_{S6} \;=\; F\,,$$

Knoten V:

$$\sum_{(i)} F_{iH} = 0 \quad : \quad F_{AH} + F_{S7}\cos\gamma = 0 \qquad \rightarrow F_{AH} \;=\; F\,,$$

$$\sum_{(i)} F_{iV} = 0 \quad : \quad F_{AV} + F_{S6} + F_{S7}\sin\gamma = 0 \qquad \rightarrow F_{AV} \;=\; F\,.$$

Da diese Kräfte mit denen der Variante 1 übereinstimmen, kann auf eine Kontrolle verzichtet werden.

6 Schnittkräfte und Schnittmomente

6.1 Differentialbeziehungen

Sind die mathematischen Funktionen der Linienkraft $p_L(s)$ in Trägerlängsrichtung und der Linienkraft $p_Q(s) = p(s)$ in Trägerquerrichtung bekannt, so können die Funktionen der *Längskraft* $L(s)$, der *Querkraft* $Q(s)$ und des *Biegemomentes* $M(s)$ aus den Differentialbeziehungen

$$\boxed{\frac{\mathrm{d}L(s)}{\mathrm{d}s} = -p_L(s) \quad ; \quad \frac{\mathrm{d}Q(s)}{\mathrm{d}s} = --p_Q(s) = p(s) \quad ; \quad \frac{\mathrm{d}M(s)}{\mathrm{d}s} = Q(s)}$$

berechnet werden.

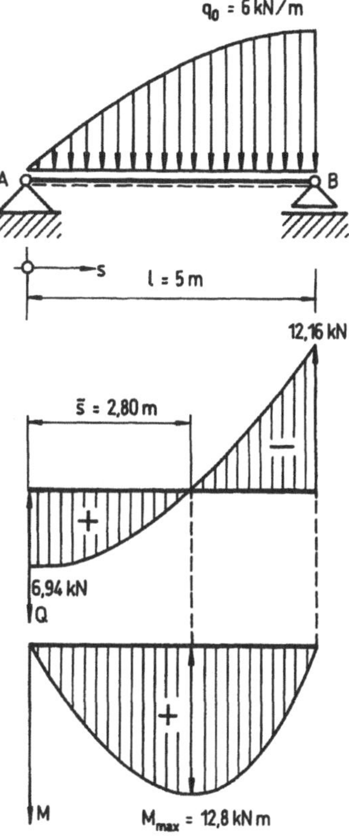

Abbildung 6.1: Schnittgrößenschaubilder

Aufgabe 6.1: Ein Träger ist durch eine Linienkraft belastet, die durch die Funktion

$$p_Q(s) = p(s) = q_o \sin \frac{\pi s}{2l}$$

beschrieben wird. Bestimmen Sie die Funktionen der Querkraft und des Momentes und stellen Sie diese in Schaubildern dar.
Gegeben: $q_o = 6,0\,\text{kN/m}$, $l = 5,0\,\text{m}$.

Durch Integration der Differentialbeziehungen erhält man

$$\begin{aligned}
Q(s) &= -\int p(s)\,\mathrm{d}s + c_1 \\[2mm]
&= -q_o \int \sin \frac{\pi s}{2l}\,\mathrm{d}s + c_1 \\[2mm]
&= \frac{2l}{\pi} q_o \cos \frac{\pi s}{2l} + c_1\,, \\[2mm]
M(s) &= \int Q(s)\,\mathrm{d}s + c_2 \\[2mm]
&= \frac{4l^2}{\pi^2} q_o \sin \frac{\pi s}{2l} + c_1 s + c_2\,.
\end{aligned}$$

Die Integrationskonstanten c_1 und c_2 folgen aus den *Randbedingungen* der Schnittgrößen. Deren Formulierung bereitet erfahrungsgemäß größere Schwierigkeiten und bedarf einiger Übung. Bei der vorliegenden Aufgabe muß das Biegemoment über den beiden Auflagern Null sein, da in diesen nur Stützkräfte, aber kein Stützmoment übertragen werden kann (in Gelenken und an dem freien Ende eines Kragträgers ist das Biegemoment immer Null!).

Also schreibt man

$$M(s=0) = 0 \quad : \qquad\qquad\qquad \rightarrow c_2 = 0\,,$$

$$M(s=l) = 0 \quad : \quad \frac{4l^2}{\pi^2} q_o + c_1 l = 0 \quad \rightarrow c_1 = -\frac{4l}{\pi^2} q_o$$

und erhält nach Einsetzen in die vorstehenden Gleichungen die Funktionen des Querkraftverlaufs und des Momentenverlaufs in der Form

$$Q(s) = \frac{2q_o l}{\pi^2}\left(\pi\cos\frac{\pi s}{2l} - 2\right) \quad ; \quad M(s) = \frac{4q_o l^2}{\pi^2}\left(\sin\frac{\pi s}{2l} - \frac{s}{l}\right).$$

Wenn man die Schnittkraftfunktionen auswerten und aufzeichnen will, benötigt man die Querkräfte an den Lagern und die Extremwerte der Momentenfunktion. Die vertikalen Stützkräfte ergeben sich aus der Querkraftfunktion zu

$$F_{AV} = Q(s=0) = \frac{2q_o l}{\pi^2}(\pi - 2) \quad ; \quad F_B = -Q(s=l) = \frac{4q_o l}{\pi^2}.$$

Man kann leicht überprüfen, daß die Summe der Stützkräfte $F_{AV} + F_B = 2q_o l/\pi$ gleich der Resultierenden der Linienkraft ist.

Das maximale Moment tritt dort auf, wo die Querkraftfunktion ihre Nullstelle hat, also bei

$$Q(s=\bar{s}) = 0 : \quad \frac{2q_o l}{\pi^2}\left(\pi\cos\frac{\pi\bar{s}}{2l} - 2\right) = 0 \quad \rightarrow \bar{s} = \frac{2l}{\pi}\arccos\frac{2}{\pi}.$$

Damit erhalten wir

$$M_{\text{max}} = M(s=\bar{s}) = \frac{4q_o l^2}{\pi^2}\left[\sin\left(\arccos\frac{2}{\pi}\right) - \frac{2}{\pi}\arccos\frac{2}{\pi}\right].$$

Natürlich erfordert die numerische Auswertung derartiger Funktionen einige Arbeit und wird auch kaum Inhalt einer Klausuraufgabe sein. Trotzdem sollen die Zahlenwerte für $q_o = 6,0\,\text{kN/m}$, $l = 5,0\,\text{m}$ angegeben werden, damit man für eine eventuelle Nachrechnung eine Kontrolle hat (Abb. 6.1).

$$Q(s) \quad = \quad \frac{2\cdot 6,0\cdot 5,0}{\pi^2}\left(\pi\cos\frac{\pi s}{2l} - 2\right)$$

$$= \quad 6,0793\left(3,1416\cos 1,5708\frac{s}{l} - 2\right)\,\text{kN},$$

$$M(s) \quad = \quad \frac{4\cdot 6,0\cdot 5,0^2}{\pi^2}\left(\sin\frac{\pi s}{2l} - \frac{s}{l}\right)$$

$$= \quad 60,7927\left(\sin 1,5708\frac{s}{l} - \frac{s}{l}\right)\,\text{kNm},$$

$$F_{AV} \quad = \quad 6,940\,\text{kN}\,;\; F_B = 12,158\,\text{kN},$$

$$\bar{s} \quad = \quad 5,0\cdot\frac{2}{\pi}\arccos\frac{2}{\pi} = 3,1831\cdot 0,8807 = 2,80\,\text{m},$$

$$M_{\text{max}} \quad = \quad 12,797\,\text{kNm}.$$

Man erkennt, daß in den Gleichungen dimensionslose Koordinaten verwendet werden, da sich dann die Berechnungen übersichtlicher gestalten lassen. Auch der Vorteil allgemeiner Ausdrücke bis zum Endergebnis ist bei derartigen Aufgaben offenkundig.

6.2   Schnittgrößenschaubilder

Aufgabe 6.2: Für das in Abb. 6.2.1 gezeichnete Tragwerk sind die Funktionen der Schnittgrößen zu berechnen und in Schaubildern darzustellen.

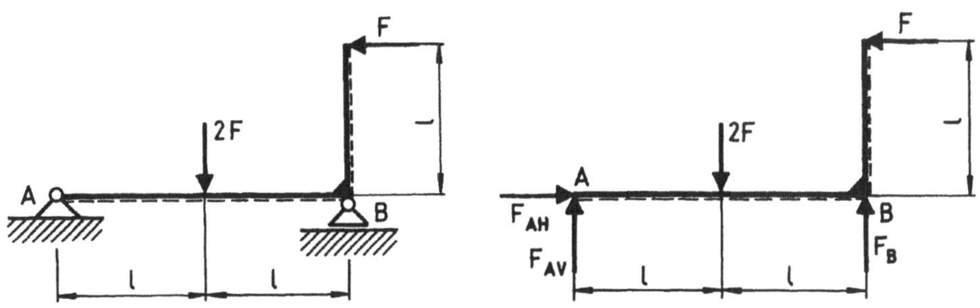

Abbildung 6.2.1: Tragwerk   Abbildung 6.2.2: Freigeschnittenes Tragwerk

Zunächst bestimmt man die Auflagerkräfte. Nach dem Freischneiden der Lager folgt (Abb. 6.2.2)

$$\circlearrowleft \sum_{(i)} M_{iB} = 0 \quad : \quad F_{AV} \cdot 2l - 2F \cdot l - F \cdot l = 0 \quad \rightarrow F_{AV} = \frac{3}{2}\,F\,,$$

$$\circlearrowright \sum_{(i)} M_{iA} = 0 \quad : \quad F_B \cdot 2l - 2F \cdot l + F \cdot l = 0 \quad \rightarrow F_B = \frac{1}{2}\,F\,,$$

$$\sum_{(i)} F_{iH} = 0 \quad : \quad F_{AH} - F = 0 \qquad\qquad \rightarrow F_{AH} = F\,.$$

$$\text{Kontrolle} \qquad \sum_{(i)} F_{iV} \overset{?}{=} 0 \quad : \quad F_{AV} - 2F + F_{FB} = 0\,.$$

Da die Belastung des Tragwerkes nicht stetig ist, muß man jedem Bereich ein eigenes Koordinatensystem zuordnen und dafür die Funktionen der Schnittgrößen ableiten. Wir wählen die Bereiche $0 \overset{\leq}{=} s_1 \overset{\leq}{=} l$; $0 \overset{\leq}{=} s_2 \overset{\leq}{=} l$; $0 \overset{\leq}{=} s_3 \overset{\leq}{=} l$ (Abb. 6.2.3).

Die Schnittgrößen erhält man dann aus den Gleichgewichtsbedingungen am „abgeschnittenen" Teil, wobei *dringend* empfohlen wird, die Momentengleichgewichtsbedingung bezüglich der Schnittstelle S aufzustellen, damit eine eventuell falsch berechnete Querkraft nicht mit in die Gleichgewichtsbedingung eingeht. An welcher Seite des aufgeschnittenen Tragwerkes man die Gleichgewichtsbedingungen formuliert, bestimmen praktische Überlegungen.

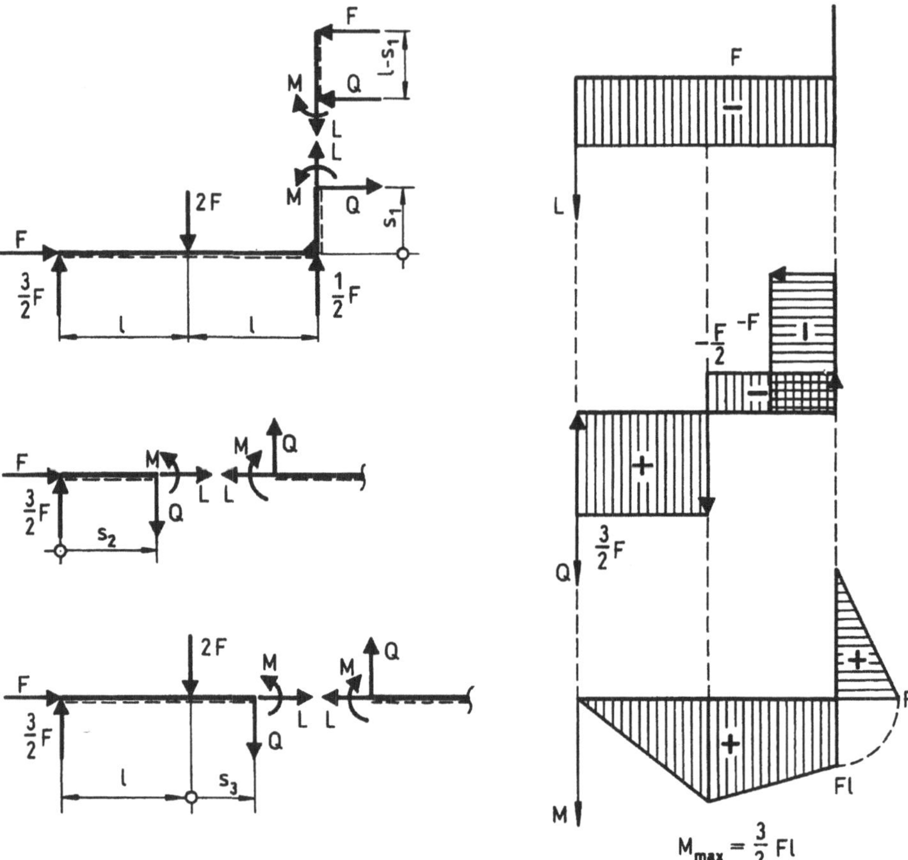

Abbildung 6.2.3: Aufgeschnittenes Tragwerk   Abbildung 6.2.4: Schnittgrößen

Bereich $0 \overset{\leq}{=} s_1 \overset{\leq}{=} l$:

$$\uparrow \sum_{(i)} F_{iV} \;\; = 0 \;\; : \;\; \frac{3}{2}F - 2F + \frac{1}{2}F + L(s_1) = 0 \qquad \rightarrow \qquad L(s_1) = 0 \quad \text{bzw.}$$

$$\downarrow \sum_{(i)} F_{iV} \;\; = 0 \;\; : \qquad\qquad\qquad\qquad\qquad\qquad L(s_1) = 0 \,,$$

$$\sum_{(i)} F_{iH} \;\; = 0 \;\; : \;\; Q(s_1) + F = 0 \qquad\qquad \rightarrow \qquad Q(s_1) = -F \,,$$

$$\subset^{\triangleright} \sum_{(i)} M_{iS} \;\; = 0 \;\; : \;\; M(s_1) - F(l - s_1) = 0 \qquad \rightarrow \qquad M(s_1) = F(l - s_1) \,;$$

Bereich $0 \stackrel{\le}{=} s_2 \stackrel{\le}{=} l$:

$$\sum_{(i)} F_{iV} = 0 \quad : \quad \frac{3}{2}F - Q(s_2) = 0 \qquad\qquad \to \quad Q(s_2) = \frac{3}{2}F\,,$$

$$\sum_{(i)} F_{iH} = 0 \quad : \quad F + L(s_2) = 0 \qquad\qquad \to \quad L(s_2) = -F\,,$$

$$\subset^{\triangleright} \sum_{(i)} M_{iS} = 0 \quad : \quad \frac{3}{2}Fs_2 - M(s_2) = 0 \qquad\qquad \to \quad M(s_2) = \frac{3}{2}Fs_2\,;$$

Bereich $0 \stackrel{\le}{=} s_3 \stackrel{\le}{=} l$:

$$\sum_{(i)} F_{iV} = 0 \quad : \quad \frac{3}{2}F - 2F - Q(s_3) = 0 \qquad\qquad \to \quad Q(s_3) = -\frac{1}{2}F\,,$$

$$\sum_{(i)} F_{iH} = 0 \quad : \quad F + L(s_3) = 0 \qquad\qquad \to \quad L(s_3) = -F\,,$$

$$\subset^{\triangleright} \sum_{(i)} M_{iS} = 0 \quad : \quad \frac{3}{2}F(l + s_3) - 2Fs_3 - M(s_3) = 0 \quad \to \quad M(s_3) = \frac{1}{2}F(3\,l - s_3)\,.$$

Das maximale an diesem Tragwerk vorhandene Biegemoment besitzt die Größe

$$M_{\mathrm{max}} = M(s_2 = l) = M(s_3 = 0) = \frac{3}{2}Fl.$$

In dieser Aufgabe erkennt man auch, daß es wichtig ist, bei senkrechten Trägerteilen eine „Unterseite" durch eine gestrichelte Linie zu markieren, da nur dann das Vorzeichen des Biegemomentes eindeutig festgelegt wird. Liegen diese „Unterseiten" auf derselben Seite an einer Trägerecke, dann kann die Größe des Biegemomentes einfach um 90° „herumgeklappt" werden (Abb. 6.2.4).

Aufgabe 6.3: Berechnen Sie für den in Abb. 6.3.2 gezeichneten Träger die Funktionen der Querkraft und des Biegemomentes und stellen Sie diese in Schaubildern dar.

Da in der vorgelegten Aufgabe Linienkräfte auftreten, die zu einem quadratischen Biegemomentenverlauf führen, sei an dieser Stelle eine Untersuchung eingeschoben, die unmittelbar nicht mit der Lösung der Aufgabe zusammenhängt. Erfahrungsgemäß ist die einigermaßen exakte Zeichnung von Parabeltangenten nicht so einfach, man erhält aber für einen Trägerabschnitt von der Länge a, der mit einer konstanten Linienkraft q_o belastet ist, auf einfache Weise 3 Tangenten, wenn man folgendermaßen vorgeht (Abb. 6.3.1) :

1. Am linken (l) und rechten (r) Rand des betreffenden Trägerabschnittes werden die Größen M_l und M_r der Biegemomente ermittelt und ihrem Vorzeichen entsprechend maßstabgerecht im Biegemomentenschaubild eingezeichnet.

2. Die Größen M_l und M_r werden durch eine gerade Linie miteinander verbunden.

3. Der Momentenwert $q_o a^2/8$ wird von der Mitte der Linie $\overline{M_l M_r}$ *zweimal* in Belastungsrichtung abgetragen.

4. Der so gewonnene Punkt wird mit den Momentenwerten M_l und M_r verbunden. Diese Verbindungslinien sind Tangenten an die quadratische Parabel.

5. Eine Parallele der Linie $\overline{M_l M_r}$ durch den *einmal* abgetragenen Wert $q_o a^2/8$ stellt eine dritte Tangente an die Parabel dar.

6. Kommt die horizontale Tangente für den eventuell in diesem Abschnitt liegenden maximalen Biegemomentenwert hinzu, besitzt man genügend Tangenten, um die quadratische Parabel exakt zu zeichnen.

Eine mathematische Untersuchung soll die Gültigkeit dieser Konstruktion beweisen.

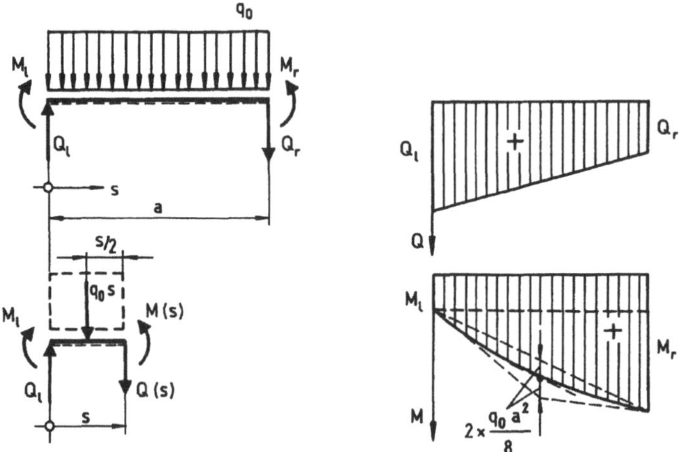

Abbildung 6.3.1: Trägerabschnitt mit konstanter Belastung

Man schneidet das Trägerstück an der Stelle s auf und erhält die Schnittgrößen

$$Q(s) \;=\; Q_l - q_o s \quad ; \qquad M(s) \;=\; M_l + Q_l s - q_o s \cdot \frac{s}{2}\,.$$

Also gilt $\quad Q_r \;=\; Q_l - q_o a \quad ; \qquad M_r \;=\; M_l + Q_l a - q_o \frac{a^2}{2}$

und $\qquad M(s = \frac{a}{2}) \;=\; M_l + Q_l \frac{a}{2} - q_o \frac{a^2}{8}\,.$

Aus der vorstehend beschriebenen Konstruktion entnimmt man

$$M(s = \frac{a}{2}) = \frac{1}{2}(M_l + M_r) + \frac{q_o a^2}{8}\,.$$

Setzt man M_r in diese Gleichung ein, so ergibt sich ebenfalls der vorstehend ermittelte Wert

$$M(s = \frac{a}{2}) = \frac{1}{2}\big(M_l + M_l + Q_l a - q_o\frac{a^2}{2}\big) + \frac{q_o a^2}{8} = M_l + Q_l\frac{a}{2} - q_o\frac{a^2}{8}\,.$$

Abschließend werden noch die Tangentenneigungen in den Punkten $s = 0$ und $s = \frac{a}{2}$ überprüft. Die Tangentenneigung der Biegemomentenfunktion ist

$$\frac{\mathrm{d}M}{\mathrm{d}s} = M'(s) = Q_l - q_o s \quad ; \quad M'(s = 0) = Q_l \quad ; \quad M'(s = \frac{a}{2}) = Q_l - q_o\frac{a}{2}\,.$$

Nach der angegebenen Tangentenkonstruktion folgen ebenfalls

$$M'(s = 0) = \frac{1}{a/2}\big[\frac{1}{2}(M_r - M_l) + 2\cdot\frac{q_o a^2}{8}\big] = \frac{2}{a}\big(\frac{1}{2}Q_l a - q_o\frac{a^2}{4} + q_o\frac{a^2}{4}\big) = Q_l$$

und

$$M'(s = \frac{a}{2}) = \frac{1}{a}(M_r - M_l) = Q_l - q_o\frac{a}{2}\,.$$

Auf eine Überprüfung der dritten Tangente kann verzichtet werden.

Nun wird die Aufgabe gelöst. Zunächst benötigt man die Stützkräfte:

$$\sum_{(i)} F_{iH} = 0 \quad : \qquad\qquad\qquad\qquad \rightarrow F_{BH} = 0\,,$$

$$\circlearrowright \sum_{(i)} M_{iB} = 0 \quad : \quad F_A\cdot 7l - 8q_o l\cdot 2l + 3q_o l\cdot\frac{3}{2}l = 0$$

$$\rightarrow F_A = \frac{23}{14}q_o l = 1,643\,q_o l\,,$$

$$\circlearrowleft \sum_{(i)} M_{iA} = 0 \quad : \quad -8q_o l\cdot 5l + F_{BV}\cdot 7l - 3q_o l\cdot\frac{17}{2}l = 0$$

$$\rightarrow F_{BV} = \frac{131}{14}q_o l = 9,357\,q_o l\,.$$

$$\text{Kontrolle} \quad \sum_{(i)} F_{iV} \overset{?}{=} 0 \quad : \quad F_A - 8q_o l + F_{BV} - 3q_o l = \frac{23}{14}q_o l - 11q_o l + \frac{131}{14}q_o l = 0\,.$$

Da die Belastung entlang des Trägers unstetig ist, legen wir wiederum drei Koordinatensysteme fest, schneiden das Tragwerk in jedem Abschnitt auf, zeichnen die

Querkräfte und die Biegemomente ein und schreiben die Gleichgewichtsbedingungen auf. (Daß die Längskraft $L(s)$ überall Null ist, sieht man sofort.)

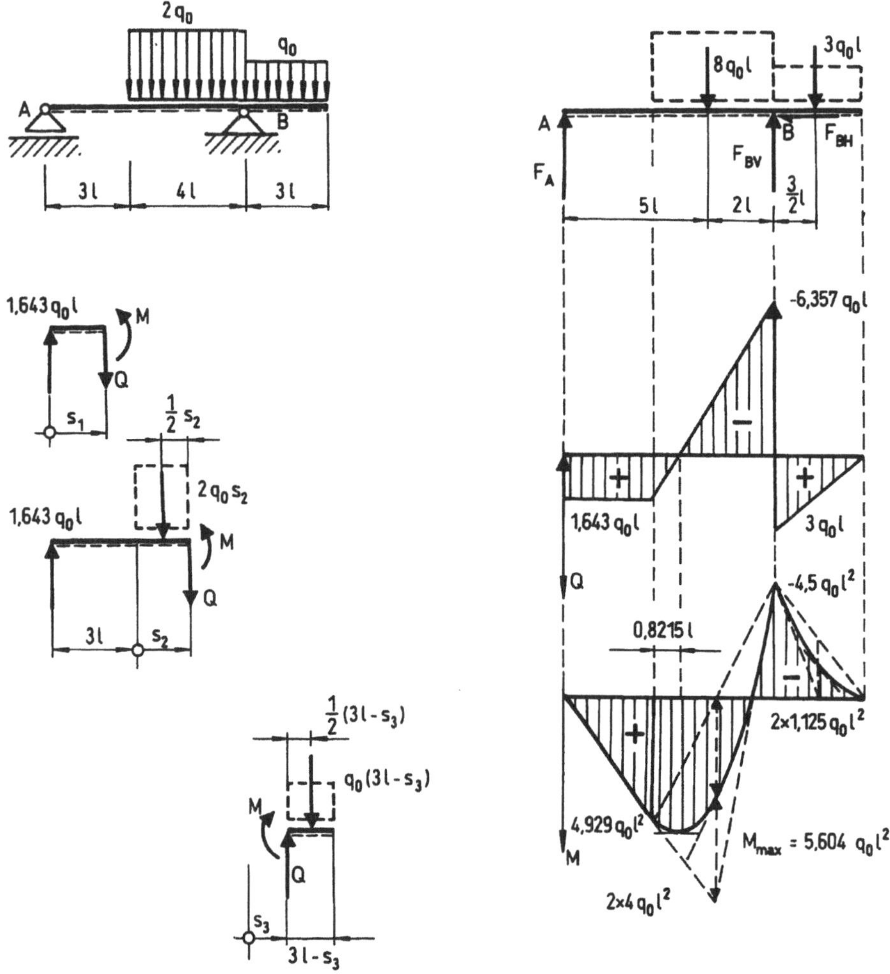

Abbildung 6.3.2: Tragwerk mit Koordinatenachsen und Schnittgrößenschaubildern

$Bereich\ 0 \overset{\le}{=} s_1 \overset{\le}{=} 3\,l:$

$$\sum_{(i)} F_{iV} = 0 \quad : \quad 1,643\,q_o l - Q(s_1) = 0 \qquad \rightarrow \quad Q(s_1) = 1,643\,q_o l,$$

$$\overset{\triangleright}{\subset} \sum_{(i)} M_{iS} = 0 \quad : \quad 1,643\,q_o l \cdot s_1 - M(s_1) = 0 \qquad \rightarrow \quad M(s_1) = 1,643\,q_o l s_1,$$

$$M(s_1 = 3l) = 4,929\,q_o l^2\,;$$

Bereich $0 \overset{\leq}{=} s_2 \overset{\leq}{=} 4\,l$:

$$\sum_{(i)} F_{iV} = 0 \quad : \quad 1,643\,q_o l - 2q_o s_2 - Q(s_2) = 0$$

$$\rightarrow \quad Q(s_2) = \left(1,643 - 2\tfrac{s_2}{l}\right) q_o l\,,$$

$$Q(s_2 = 4l) = -6,357\,q_o l\,,$$

Nullstelle der Querkraft $: Q(s_2 = \bar{s}_2) = 0 = \left(1,643 - 2\tfrac{\bar{s}_2}{l}\right)q_o l \quad \rightarrow \quad \tfrac{\bar{s}_2}{l} = 0,8215\,,$

$$\circlearrowleft \sum_{(i)} M_{iS} = 0 \quad : \quad 1,643\,q_o l(3\,l + s_2) - 2q_o s_2 \cdot \tfrac{s_2}{2} - M(s_2) = 0$$

$$\rightarrow \quad M(s_2) = \left(4,929 + 1,643\tfrac{s_2}{l} - \tfrac{s_2^2}{l^2}\right) q_o l^2\,,$$

$$M(s_2 = 4l) = -4,5\,q_o l^2\,,$$

$$M_{\max} = M(s_2 = \bar{s}_2) = \left(4,929 + 1,643 \cdot 0,8215 - 0,8215^2\right) q_o l^2 = 5,604\,q_o l^2\,.$$

Für die Konstruktion der Parabeltangenten benötigt man den Wert

$$\frac{(2q_o)(4l)^2}{8} = 4q_o l^2\,;$$

Bereich $0 \overset{\leq}{=} s_3 \overset{\leq}{=} 3\,l$:

$$\sum_{(i)} F_{iV} = 0 \quad : \quad Q(s_3) - q_o(3l - s_3) = 0$$

$$\rightarrow \quad Q(s_3) = \left(3 - \tfrac{s_3}{l}\right) q_o l\,,$$

$$Q(s_3 = 0) = 3\,q_o l\,,$$

$$\circlearrowleft \sum_{(i)} M_{iS} = 0 \quad : \quad M(s_3) + q_o(3\,l - s_3) \cdot \tfrac{1}{2}(3l - s_3) = 0$$

$$\rightarrow \quad M(s_3) = -\tfrac{1}{2}\left(3 - \tfrac{s_3}{l}\right)^2 q_o l^2\,,$$

$$M(s_3 = 0) = -4,5\,q_o l^2\,.$$

Für die Konstruktion der Parabeltangenten benötigt man den Wert

$$\frac{q_o(3l)^2}{8} = \frac{9}{8}q_o l^2 = 1,125\,q_o l^2\,.$$

7   Bewegungswiderstände

7.1   Haftung

Tragwerke, bei denen Reibung an den Auflagern oder zwischen den Tragwerkteilen berücksichtigt werden muß, können nur für ganz bestimmte kinematische (z. B. Längen) oder kinetische (z. B. Kräfte, Reibungskoeffizienten) Größen im Gleichgewicht gehalten werden. Dabei gilt mit dem *Haftreibungskoeffizient* μ_o für die übertragbare *Reibungskraft* F_R als Funktion der *Normalkraft* F_N bei COULOMB*scher Reibung*

$$F_R \overset{\leq}{=} \mu_o F_N \qquad \text{bzw.} \qquad F_{R,\max} = \mu_o F_N \,.$$

Aufgabe 7.1: Man berechne die Größe der Kraft F, die eine Bewegung der Kugel vom Gewicht F_K verhindert (Abb. 7.1.1).

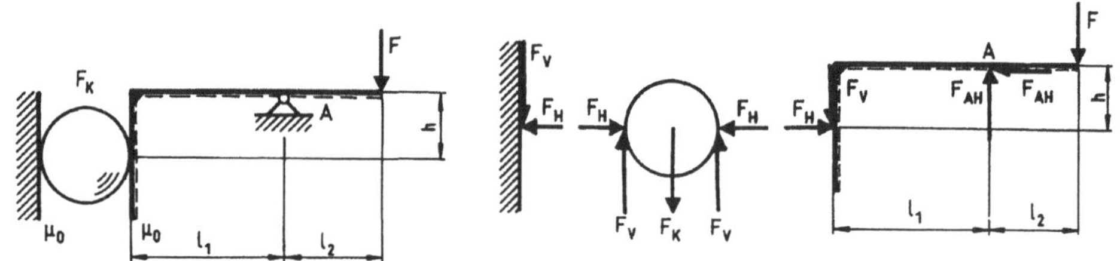

Abbildung 7.1.1: Tragwerk   Abbildung 7.1.2: Freigeschnittenes Tragwerk

Zur Lösung dieser Aufgabe wird das Tragwerk freigeschnitten (Abb. 7.1.2). Dann werden an dem Lager A bzw. zwischen Kugel, Wand und Träger die Stütz- und Schnittgrößen eingezeichnet.

Das Gleichgewicht aller vertikalen Kräfte an der Kugel liefert

$$\sum_{(i)} F_{iV} = 0 : \quad 2F_V - F_K = 0 \qquad \rightarrow \quad F_V = \frac{1}{2} F_K \,,$$

und an dem Tragwerk folgt aus dem Momentengleichgewicht um den Punkt A

$$\circlearrowleft \sum_{(i)} M_{iA} = 0 : \quad F_H \cdot h + F_V \cdot l_1 - F \cdot l_2 = 0 \qquad \rightarrow \quad F = \frac{l_1}{l_2} F_V + \frac{h}{l_2} F_H$$

$$= \frac{l_1}{2l_2} F_K + \frac{h}{l_2} F_H \,.$$

In dieser Gleichung stehen 2 Unbekannte F und F_H, so daß wir noch eine weitere Gleichung benötigen. Dies ist die COULOMBsche Gleichung

$$F_V = \frac{1}{2}F_K \leqq \mu_o F_H \quad ; \quad F_H \geqq \frac{1}{2\mu_o}F_K \, .$$

Setzt man sie in obige Gleichung ein, so erhält man das gesuchte Ergebnis

$$F_H = \frac{l_2}{h}\left(F - \frac{l_1}{2l_2}F_K\right) \geqq \frac{1}{2\mu_o}F_K \quad \rightarrow \quad F \geqq \frac{l_1}{2l_2}\left(1 + \frac{h}{\mu_o l_1}\right)F_K \, .$$

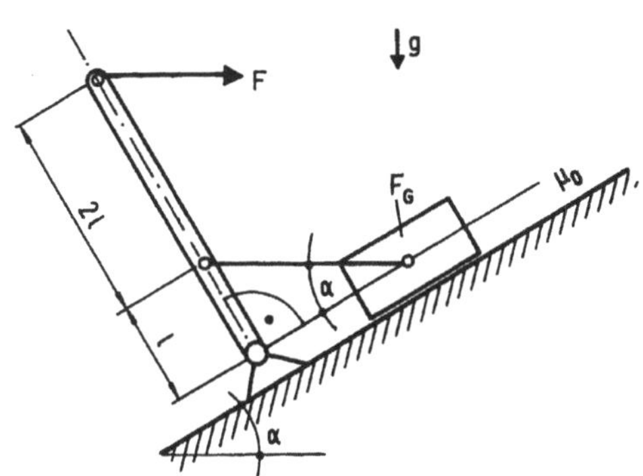

Aufgabe 7.2: Durch welche untere und obere Grenze ist die Größe der Kraft F eingeschränkt, wenn sich die Kiste vom Gewicht F_G nicht bewegen soll (Abb. 7.2.1)?
Geben Sie Zahlenwerte für

$$\begin{aligned} F_G &= 1,0\,\text{kN}\,, \\ \alpha &= 30°\,, \\ \mu_o &= 0,2 \end{aligned}$$

an.

Abbildung 7.2.1: Kiste auf schiefer Ebene
bei Reibung

Da die Reibungskraft F_R ihren Richtungssinn bei einer Bewegungsumkehr ändert, diese Tatsache aber in einer Gleichgewichtsbedingung nicht so ohne weiteres berücksichtigt werden kann, muß man bei derartigen Reibungsaufgaben die Fälle

Bewegung hangaufwärts und

Bewegung hangabwärts

unterscheiden.

Bewegung hangaufwärts (Abb. 7.2.2 mittleres Bild)

Wir trennen die Konstruktion am Verbindungsstab, tragen die Stabkraft F_S beiderseitig an und zeichnen nach Freischneiden der Kistenlagerfläche das Kisteneigengewicht F_G, die Normal(Stütz-)kraft F_N senkrecht zur Rutschfläche und die Reibungskraft F_R *entgegen der möglichen Bewegungsrichtung* ein. Dann liefern zwei Kräftegleichgewichtsbedingungen an der Kiste und eine Momentengleichgewichtsbedingung um den Lagerpunkt L am Hebel zunächst 3 Gleichungen für die 4 Unbekannten F, F_S, F_N und F_R. Die vierte benötigte Gleichung ist wiederum das COULOMBsche Reibungsgesetz.

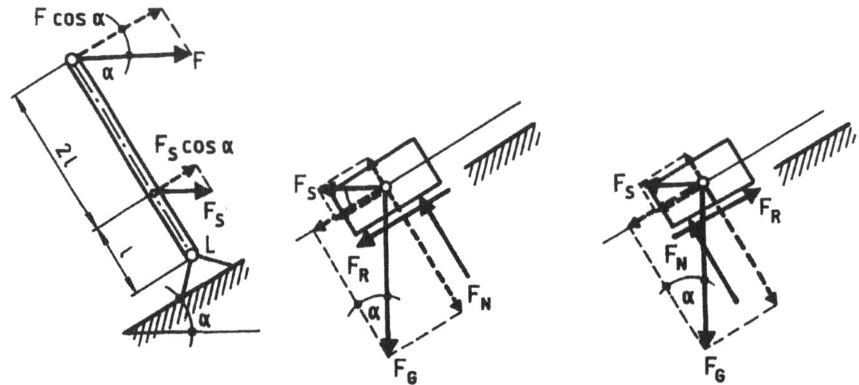

Abbildung 7.2.2: Bewegung hangaufwärts und hangabwärts

$$\swarrow \sum_{(i)} F_i \quad = 0 \quad : \quad F_R + F_S \cos\alpha + F_G \sin\alpha \quad = 0\,,$$

$$\nwarrow \sum_{(i)} F_i \quad = 0 \quad : \quad F_N + F_S \sin\alpha - F_G \cos\alpha \quad = 0\,,$$

$$\circlearrowright \sum_{i=1} M_{iL} \quad = 0 \quad : \quad F_S \cos\alpha \cdot l + F \cos\alpha \cdot 3l \quad = 0\,; \qquad F_R \lesseqgtr \mu_o F_N\,.$$

Aus diesen 4 Gleichungen erhält man nach kurzer Zwischenrechnung

$$F \lessgtr \frac{\sin\alpha + \mu_o \cos\alpha}{3(\cos\alpha - \mu_o \sin\alpha)} F_G\,.$$

Bewegung hangabwärts (Abb. 7.2.2 rechtes Bild)

$$\nearrow \sum_{(i)} F_i \quad = 0 \quad : \quad F_R - F_S \cos\alpha - F_G \sin\alpha \quad = 0\,,$$

$$\nwarrow \sum_{(i)} F_i \quad = 0 \quad : \quad F_N + F_S \sin\alpha - F_G \cos\alpha \quad = 0\,,$$

$$\circlearrowright \sum_{i=1} M_{iL} \quad = 0 \quad : \quad F_S \cos\alpha \cdot l + F \cos\alpha \cdot 3l \quad = 0\,; \qquad F_R \lesseqgtr \mu_o F_N\,.$$

Hieraus folgt ebenfalls nach kurzer Zwischenrechnung

$$F \gtreqless \frac{\sin\alpha - \mu_o \cos\alpha}{3(\cos\alpha + \mu_o \sin\alpha)} F_G\,.$$

Man erkennt, daß sich die Bewegungsumkehr in einem Vorzeichenwechsel des COULOMBschen Reibungskoeffizienten (gleichbedeutend mit dem Wechsel des Richtungssinnes der Reibungskraft) ausdrückt. Sicherheitshalber sollte man aber beide Fälle getrennt untersuchen. Die Zahlenrechnung für die vorgeschriebenen Werte liefert mit den Winkelfunktionen $\sin 30° = 0,5000$, $\cos 30° = 0,8660$

$$112,76\,\text{N} \leqq F \leqq 292,95\,\text{N} .$$

7.2 Seilreibung

Bei Mechanik-Aufgaben, die sich mit der *Seilreibung* befassen, muß man sich vor Rechenbeginn darüber klar sein, in welcher Richtung die Seilreibungskräfte wirken. Schneidet man die Seilkraft außerhalb der Seilrolle auf und trägt die Seilkräfte F_1 und F_2 an, so ist immer *die* Seilkraft die größere, welche die *mögliche* Drehbewegung der Seilrolle verhindern muß. Bei einem *Umschlingungswinkel* α gilt mit dem COULOMB*schen Reibungskoeffizienten* μ_o

$$\boxed{\text{für Hinaufziehen}: \quad F_2 = F_1 e^{\mu_o \alpha} \quad ; \quad \text{für Hinablassen}: \quad F_2 = F_1 e^{-\mu_o \alpha} .}$$

Aufgabe 7.3: Wie groß muß die Kraft F an der Seilbremse nach Abbildung 7.3.1 sein, damit das Gewicht F_Q in Ruhe gehalten wird? (Seilreibungskoeffizient μ_o)

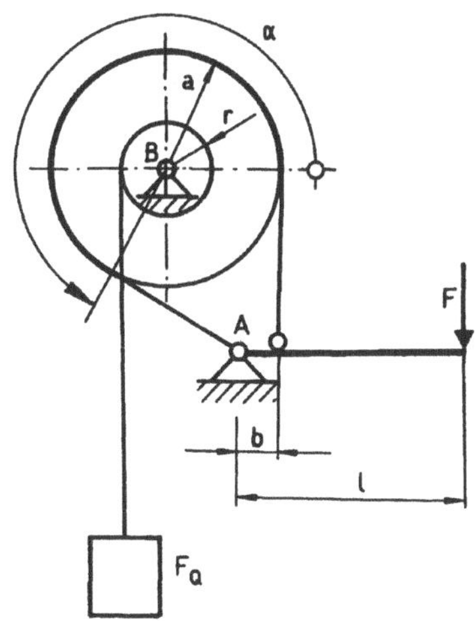

Abbildung 7.3.1: Seilbremse

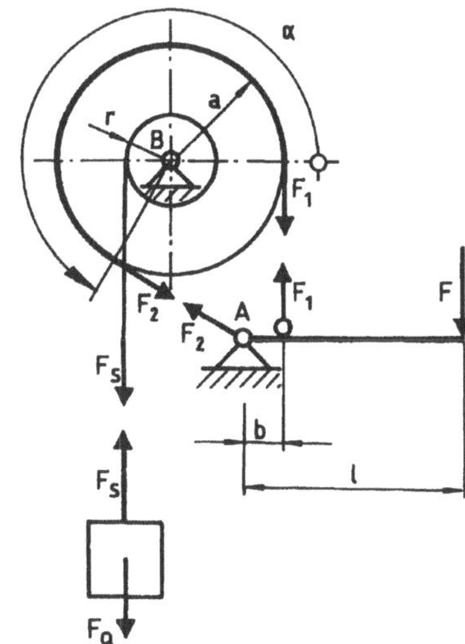

Abbildung 7.3.2: Seilbremse mit geschnittenen Seilen

Man schneidet die Seile durch und zeichnet die Seilkräfte F_S, F_1 und F_2 an den Schnittstellen ein (Abb. 7.3.2). Es folgen sofort $F_S = F_Q$ und, da die Seilkraft F_1 größer als F_2 sein muß,

$$F_1 = F_2\, e^{\mu_o \alpha}\,.$$

Mit den Momentengleichgewichtsbedingungen

$$\curvearrowright \sum_{(i)} M_{iA} = 0:\ F_1 \cdot b - F \cdot l = 0 \quad ; \quad \curvearrowleft \sum_{(i)} M_{iB} = 0:\ F_1 \cdot a - F_2 \cdot a - F_S \cdot r = 0$$

stehen 4 Gleichungen für die 4 unbekannten Kräfte F, F_1, F_2, F_S zur Verfügung. Das Ergebnis für die Kraft F lautet

$$F = \frac{br}{la}\, \frac{e^{\mu_o \alpha}}{e^{\mu_o \alpha} - 1}\, F_Q\,.$$

8 Schwach gekrümmte Seilkurven

Die Gleichgewichtslage des schwach gekrümmten Tragwerkes ist durch eine konstante horizontale Komponente der Seilkraft $F_S(x)$ und eine Differentialbeziehung bestimmt:

$$\boxed{\; H y''(x) = -p_y(x) \quad ; \quad F_S(x) = H\sqrt{1 + y'(x)^2} \quad ; \quad F_{Sx} = H = \text{konst.} \;}$$

Aufgabe 8.1: Für das in Abb. 8.1.1 dargestellte schwach gekrümmte Seil ist die Funktion der Seilkurve zu berechnen. Die Seilkurve soll am Lager A eine horizontale Tangente besitzen. Wie groß sind die Stützkräfte und die maximale Seilkraft?

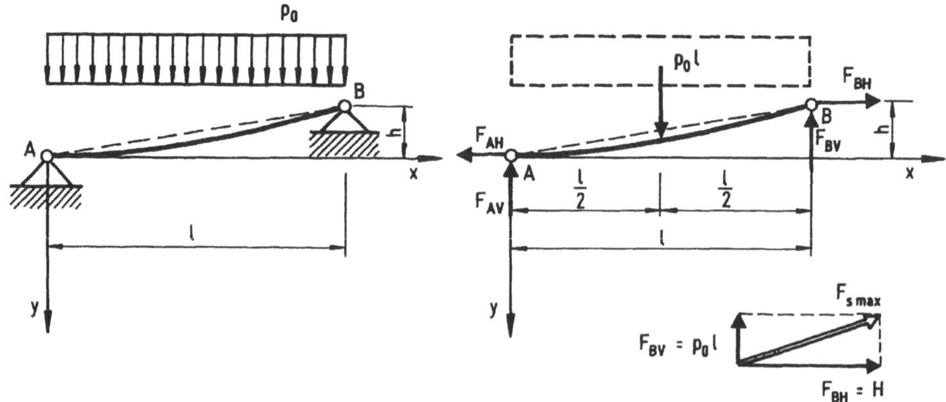

Abbildung 8.1.1: Seilkurve   Abbildung 8.1.2: Freigeschnittenes Seil

Man integriert die Differentialbeziehung für eine Linienkraft $p_y(x) = p_o = $ konst.

$$Hy''(x) = -p_y(x) = -p_o = \text{konst.} ,$$

$$Hy'(x) = -p_o x + c_1 ,$$

$$Hy(x) = -p_o \frac{x^2}{2} + c_1 x + c_2$$

und erhält aus den *Randbedingungen* die Integrationskonstanten und die Horizontalkomponente der Seilkraft (Abb. 8.1.2)

$$y(x = 0) = 0 = \frac{c_2}{H} \qquad \rightarrow \qquad c_2 = 0 ,$$

$$y'(x = 0) = 0 = \frac{c_1}{H} \qquad \rightarrow \qquad c_1 = 0 ,$$

$$y(x = l) = -h = -p_o \frac{l^2}{2H} \qquad \rightarrow \qquad H = \frac{p_o l^2}{2h}$$

und daraus die Funktion der Seilkurve

$$y(x) = -h \frac{x^2}{l^2} .$$

Damit lautet die Funktion der Seilkraft

$$F_S(x) = H \sqrt{1 + y(x)'^2} = \frac{p_o l^2}{2h} \sqrt{1 + 4 \frac{h^2 x^2}{l^4}}$$

mit den Randgrößen

$$F_S(x = 0) = \frac{p_o l^2}{2h} = H \quad ; \quad F_S(x = l) = F_{S,\text{max}} = \frac{p_o l^2}{2h} \sqrt{1 + 4 \frac{h^2}{l^2}} .$$

Die Stützkräfte (Abb. 8.1.2) ergeben sich aus einfachen Gleichgewichtsbedingungen

$$F_{AH} = H \quad ; \quad F_{AV} = 0 \quad ; \quad F_{BH} = H \quad ; \quad F_{BV} = p_o l .$$

Natürlich wird man eine Kontrolle am Lager B durchführen:

$$F_S(x = l) = \sqrt{F_{BV}^2 + F_{BH}^2} = \sqrt{(p_o l)^2 + \left(\frac{p_o l^2}{2h}\right)^2} = \frac{p_o l^2}{2h} \sqrt{1 + 4 \frac{h^2}{l^2}} = F_{S,\text{max}} .$$

Aufgabe 8.2: Das Tragseil der in Abb. 8.2 gezeichneten Hängebrücke ist durch eine linear veränderliche Linienkraft $p_y(x)$ belastet.

1. Wie groß darf die horizontale Komponente H der Seilkraft F_S sein, damit diese den Wert $F_{S,\text{max}}$ nicht überschreitet?

2. Bestimmen Sie die Funktion der Seilkurve [man verwende aus praktischen Gründen die dimensionslose Koordinate $\xi = x/l$ und die Abkürzung $k = (h_1 - h_2)/l$].

3. An welcher Stelle $\bar{x}$ tritt eine horizontale Tangente der Seilkurve auf?

4. Wie lang ist an dieser Stelle das Hängeseil?

Gegeben: $l = 20,0\,\text{m}$, $h_1 = 6,0\,\text{m}$, $h_2 = 4,0\,\text{m}$, $q_o = 2,0\,\text{kN/m}$, $F_{S,\text{max}} = 50,0\,\text{kN}$.

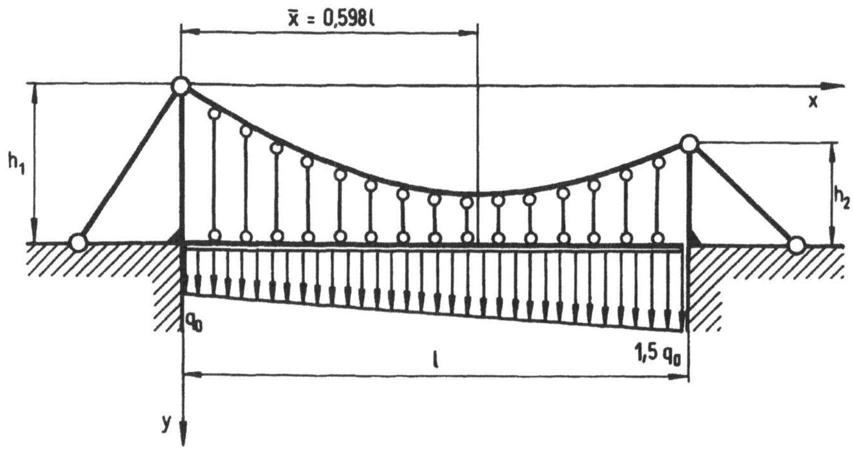

Abbildung 8.2: Seilkurve einer Hängebrücke

Die Belastungsfunktion ist eine Gerade $p_y(x) = c_1 + c_2 x$ mit den Randwerten $p_y(x = 0) = q_o$ und $p_y(x = l) = 1,5\,q_o$. Daraus erhält man ohne Schwierigkeit die Belastungsfunktion

$$p_y(x) = q_o\Big(1 + \frac{x}{2l}\Big)$$

Man integriert die Differentialbeziehung

$$Hy''(x) = -p_y(x) = -q_o\Big(1 + \frac{x}{2l}\Big),$$

$$y'(x) \;=\; -\frac{q_o l}{H}\Big(\frac{x}{l} + \frac{x^2}{4l^2}\Big) + c_1\,,$$

$$y(x) \;=\; -\frac{q_o l^2}{2H}\Big(\frac{x^2}{l^2} + \frac{x^3}{6l^3}\Big) + c_1 x + c_2$$

und erhält aus den *Randbedingungen* die Integrationskonstanten und damit die Funktion der Seilkurve und deren Ableitung (bis auf die noch unbekannte Größe von H):

Randbedingungen

$$y(x=0) \;=0: \qquad\qquad\qquad\qquad \rightarrow \quad c_2 = 0\,,$$

$$y(x=l) \;=h_1 - h_2 = h = -\frac{7q_o l^2}{12H} + c_1 l : \quad \rightarrow \quad c_1 = \frac{1}{l}\Big(h + \frac{7q_o l^2}{12H}\Big),$$

$$y(x) \;=h\frac{x}{l} + \frac{q_o l^2}{12H}\Big(7\frac{x}{l} - 6\frac{x^2}{l^2} - \frac{x^3}{l^3}\Big) = h\xi + \frac{q_o l^2}{12H}(7\xi - 6\xi^2 - \xi^3),$$

$$y'(x) = \frac{h}{l} + \frac{q_o l}{12H}\Big(7 - 12\frac{x}{l} - 3\frac{x^2}{l^2}\Big) \;= k + \frac{q_o l}{12H}(7 - 12\xi - 3\xi^2)\,.$$

Bei der weiteren Berechnung ist zu prüfen, an welchem Pylon die größte Seilkraft angreift. Da deren Horizontalkomponente konstant ist, wird das an der Stelle der Fall sein, an welcher die Ableitung der Seilkurvenfunktion ihren maximalen Wert hat. Wir finden

$$y'(\xi=0) = k + \frac{7q_o l}{12H} = y'_{\text{max}} \qquad ; \qquad y'(\xi=l) = k - \frac{8q_o l}{12H}$$

und bestimmen mit der Abkürzung $F_R = q_o l$ (das ist *nicht* die Resultierende der Linienkraft!) die maximale Seilkraft zu

$$F_{S,\text{max}} = F_S = H\sqrt{1 + \Big(k + \frac{7F_R}{12H}\Big)^2}\,.$$

Das ist eine quadratische Gleichung für die Kraft H, deren Auflösung doch einige Rechenarbeit verlangt. Aus

$$F_S^2 \;=\; H^2\Big[1 + \Big(k + \frac{7F_R}{12H}\Big)^2\Big],$$

$$\Big(H + \frac{k}{1+k^2}\frac{7}{12}F_R\Big)^2 \;=\; \frac{F_S^2}{1+k^2} - \frac{49\,F_R^2}{144(1+k^2)^2}$$

erhält man für die Horizontalkraft

$$H = -\frac{k}{1+k^2}\,\frac{7}{12}F_R + \frac{1}{12(1+k^2)}\sqrt{144(1+k^2)\,F_S^2 - 49\,F_R^2}\;.$$

Mit den vorgeschriebenen Zahlenwerten

$$k \;=\; \frac{h_1 - h_2}{l} = \frac{6,0 - 4,0}{20,0} = 0,1\,,$$

$$F_R \;=\; q_o l = 2,0 \cdot 20,0 = 40,0\,\text{kN}\;;\; F_S = F_{S,\text{max}} = 50,0\,\text{kN}$$

lautet das numerische Ergebnis

$$H = 41,753\,\text{kN}\,.$$

Setzt man diesen Wert in die Funktion der Seilkurve ein, so nehmen diese und ihre erste Ableitung die Formen

$$y(x) \;=\; 0,1\,x + 1,5967 \cdot 20,0^{-3}(2800\,x - 120\,x^2 - x^3)\,,$$

$$y(\xi) \;=\; 2,0\,\xi + 1,5967(7\,\xi - 6\,\xi^2 - \xi^3)\,,$$

$$y'(x) \;=\; 0,1 + 1,5967 \cdot 20,0^{-2}(140 - 12\,x - 0,15\,x^2)\,,$$

$$y'(\xi) \;=\; 0,1 + 0,079835(7 - 12\,\xi - 3\,\xi^2)$$

an. Die horizontale Tangente der Seilkurve liegt bei

$$y'(\overline{\xi}) = 0 = 0,1 + 0,079835(7 - 12\,\overline{\xi} - 3\,\overline{\xi}^2) \quad\rightarrow\quad \overline{\xi} = 0,598$$

und hat die Ordinate

$$y(\xi = \overline{\xi}) = 2,0\,\overline{\xi} + 1,5967(7\,\overline{\xi} - 6\,\overline{\xi}^2 - \overline{\xi}^3) = 4,112\,\text{m}\,.$$

Damit besitzt das kürzeste Hängeseil die Länge

$$h_1 - y(\xi = \overline{\xi}) = 6,0 - 4,112 = 1,89\,\text{m}\,.$$

Es ist natürlich völlig klar, daß eine Aufgabe von diesem „Kaliber" in einer *Mechanik-Klausur* schon aus Zeitgründen kaum gestellt werden wird. Sie ist trotzdem aufgenommen worden, da sie eine gute Gelegenheit bietet, ein mechanisches Problem mit Hilfe mathematischer Fertigkeiten (Differentialrechnung, quadratische Gleichungen) zu lösen.

Statik elastischer Körper

9 Zugbeanspruchung

Aufgabe 9.1: Ein Rohr 1 (Außenradius R_1, Innenradius r_1) von der Länge l ist durch eine Hülse 2 (Außenradius R_2, Innenradius r_2) umschlossen. Beide sind an zwei starren Endscheiben gelagert (Abb. 9.1.1). Man bestimme die Kraft, die auf jedes der beiden Bauteile einwirkt, wenn diese einer gleichmäßigen Temperaturerhöhung ΔT unterworfen werden. Wie groß ist die Gesamtverlängerung der Konstruktion? (Man kann $\alpha_l \Delta T \ll 1$ setzen.)

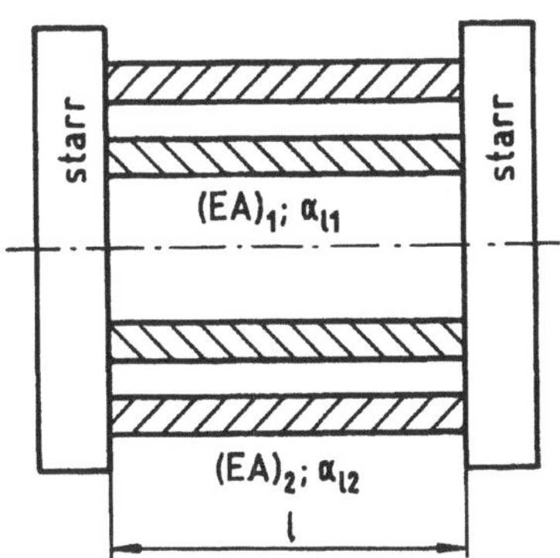

Abbildung 9.1.1: Rohr mit Hülse

Geben Sie Zahlenwerte für

$$
\begin{aligned}
l &= 90,0\,\text{cm} \quad ; \quad \Delta T = 80,0\,\text{K}, \\
R_1 &= 3,0\,\text{cm} \quad ; \quad r_1 = 2,5\,\text{cm}, \\
R_2 &= 4,5\,\text{cm} \quad ; \quad r_2 = 4,0\,\text{cm}, \\
E_1 &= 2,1 \cdot 10^5\,\text{N/mm}^2, \\
E_2 &= 7,0 \cdot 10^5\,\text{N/mm}^2, \\
\alpha_{l1} &= 12 \cdot 10^{-6}\,\text{1/K}, \\
\alpha_{l2} &= 23 \cdot 10^{-6}\,\text{1/K}
\end{aligned}
$$

an.

Die für die Bearbeitung derartiger Aufgaben benötigten Gleichungen für die *Dehnungen*, das *Elastizitätsgesetz* und die *Spannungen* lauten

$$
\varepsilon = \frac{\Delta l}{l} \quad ; \quad \sigma = E\,\varepsilon \quad ; \quad \varepsilon = \varepsilon_{el} + \varepsilon_{th} = \frac{\sigma}{E} + \alpha_l \Delta T \quad ; \quad \sigma = \frac{L}{A}.
$$

Aufgaben der vorgelegten Art können meistens durch verschiedene geometrische oder auch kinetische Überlegungen gelöst werden. Hier sollen zwei Varianten vorgestellt werden. Man trennt die Bauelemente an der rechten starren Scheibe von dieser und zeichnet die Längenänderungen $(\Delta l)_1$ und $(\Delta l)_2$ ein, welche durch die Temperaturerhöhung ΔT an dem Rohr und der Hülse auftreten würden. Diese Längenänderungen müssen dann durch zwei gleich große Kräfte mit gleicher Wirkungslinie aber entgegengesetztem Richtungssinn auf eine gemeinsame Längenänderung $(\Delta l)_G$ gebracht werden.

Da man zunächst nicht weiß, ob $(\Delta l)_1 > (\Delta l)_2$ oder $(\Delta l)_1 < (\Delta l)_2$ ist, wird man beide Varianten betrachten.

Variante 1:

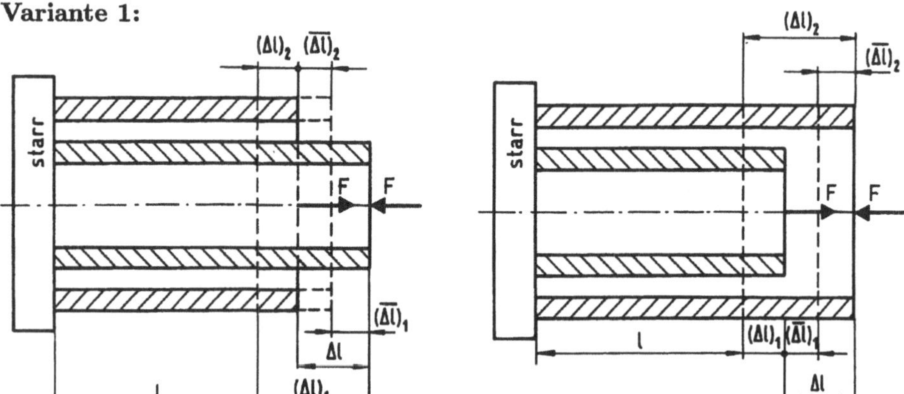

Abbildung 9.1.2: Längenänderung für $(\Delta l)_1 > (\Delta l)_2$

Abbildung 9.1.3: Längenänderung für $(\Delta l)_1 < (\Delta l)_2$

Da beide Bauelemente nach der Temperaturerhöhung die gleiche Länge aufweisen müssen, kann man die Differenz $\Delta l = (\Delta l)_1 - (\Delta l)_2$, die durch die ungehinderten Längenänderungen von Rohr und Hülse auftreten, auch durch die beiden Längenänderungen $(\overline{\Delta l})_1 , (\overline{\Delta l})_2$ zusammensetzen, welche durch die Kräfte F hervorgerufen werden. Es gilt (Abb. 9.1.2)

$$\Delta l = (\Delta l)_1 - (\Delta l)_2 = (\alpha_{l1} - \alpha_{l2})l\Delta T$$

$$= (\overline{\Delta l})_1 + (\overline{\Delta l})_2 = \frac{Fl}{(EA)_1} + \frac{Fl}{(EA)_2} \quad \rightarrow \quad F = \frac{(\alpha_{l1} - \alpha_{l2})\Delta T}{\dfrac{1}{(EA)_1} + \dfrac{1}{(EA)_2}}.$$

Die Gesamtverlängerung wird dann

$$(\Delta l)_G = (\Delta l)_1 - (\overline{\Delta l})_1 = \alpha_{l1}l\Delta T - \frac{l}{(EA)_1} F = \frac{\alpha_{l1}(EA)_1 + \alpha_{l2}(EA)_2}{(EA)_1 + (EA)_2} l\Delta T.$$

Es läßt sich sofort zeigen, daß man dieses Resultat auch durch die Summe

$$(\Delta l)_G = (\Delta l)_2 + (\overline{\Delta l})_2$$

erhält (Abb. 9.1.2).

Variante 2:

Dieser Variante liegen die gleichen Überlegungen zugrunde (Abb. 9.1.3):

$$\Delta l \;=\; (\Delta l)_2 - (\Delta l)_1 = (\alpha_{l2} - \alpha_{l1})l\Delta T$$

$$=\; (\overline{\Delta l})_1 + (\overline{\Delta l})_2 = \frac{Fl}{(EA)_1} + \frac{Fl}{(EA)_2} \quad \rightarrow \quad F = \frac{(\alpha_{l2} - \alpha_{l1})\Delta T}{\dfrac{1}{(EA)_1} + \dfrac{1}{(EA)_2}},$$

$$(\Delta l)_G \;=\; (\Delta l)_1 + (\overline{\Delta l})_1 = \alpha_{l1} l\Delta T + \frac{l}{(EA)_1}\,F = \frac{\alpha_{l1}(EA)_1 + \alpha_{l2}(EA)_2}{(EA)_1 + (EA)_2}\,l\Delta T$$

$$=\; (\Delta l)_2 - (\overline{\Delta l})_2\,.$$

Für die Zahlenrechnung ermittelt man zunächst einige Einzelausdrücke

$$A_1 \;=\; \pi(R_1^2 - r_1^2) \qquad = \pi(3,0^2 - 2,5^2) \;=\; 8,64\,\mathrm{cm}^2,$$

$$A_2 \;=\; \pi(R_2^2 - r_2^2) \qquad = \pi(4,5^2 - 4,0^2) \;=\; 13,35\,\mathrm{cm}^2,$$

$$(EA)_1 \;=\; 2,1\cdot 10^7 \cdot 8,64 \quad = 18,14\cdot 10^7\,\mathrm{N} \quad = 18,14\cdot 10^4\,\mathrm{kN},$$

$$(EA)_2 \;=\; 7,0\cdot 10^7 \cdot 13,35 \quad = 93,45\cdot 10^7\,\mathrm{N} \quad = 93,45\cdot 10^4\,\mathrm{kN}$$

und berechnet damit die Endresultate (Variante 2)

$$F = \frac{(23 - 12)\cdot 10^{-6}\cdot 10^4}{\dfrac{1}{18,14} + \dfrac{1}{93,45}}\cdot 80,0 = 133,68\,\mathrm{kN}\,,$$

$$(\Delta l)_G = \frac{12\cdot 10^{-6}\cdot 18,14\cdot 10^4 + 23\cdot 10^{-6}\cdot 93,45\cdot 10^4}{18,14\cdot 10^4 + 93,45\cdot 10^4}\cdot 90,0\cdot 80,0 = 0,153\,\mathrm{cm}\,.$$

10 Biegebeanspruchung

10.1 Flächenmomente 2. Grades

Aufgabe 10.1: Für das Winkelprofil in Abb. 10.1.1 sind die Hauptflächenmomente und die Hauptzentralachsen zu bestimmen.

Unter den *Hauptflächenmomenten* versteht man die *Flächenmomente 2. Grades* bezüglich der *Hauptzentralachsen*, die sich im Schwerpunkt S der Fläche schneiden. Nach Zerlegung der gegebenen Fläche in Teilflächen A_i muß der Gesamtschwerpunkt S gefunden und danach die Teilflächenmomente 2. Grades $I_{\overline{x}_i\overline{x}_i}$, $I_{\overline{y}_i\overline{y}_i}$, $I_{\overline{x}_i\overline{y}_i}$ auf ein x,y−Koordinatensystem im Schwerpunkt transformiert werden.

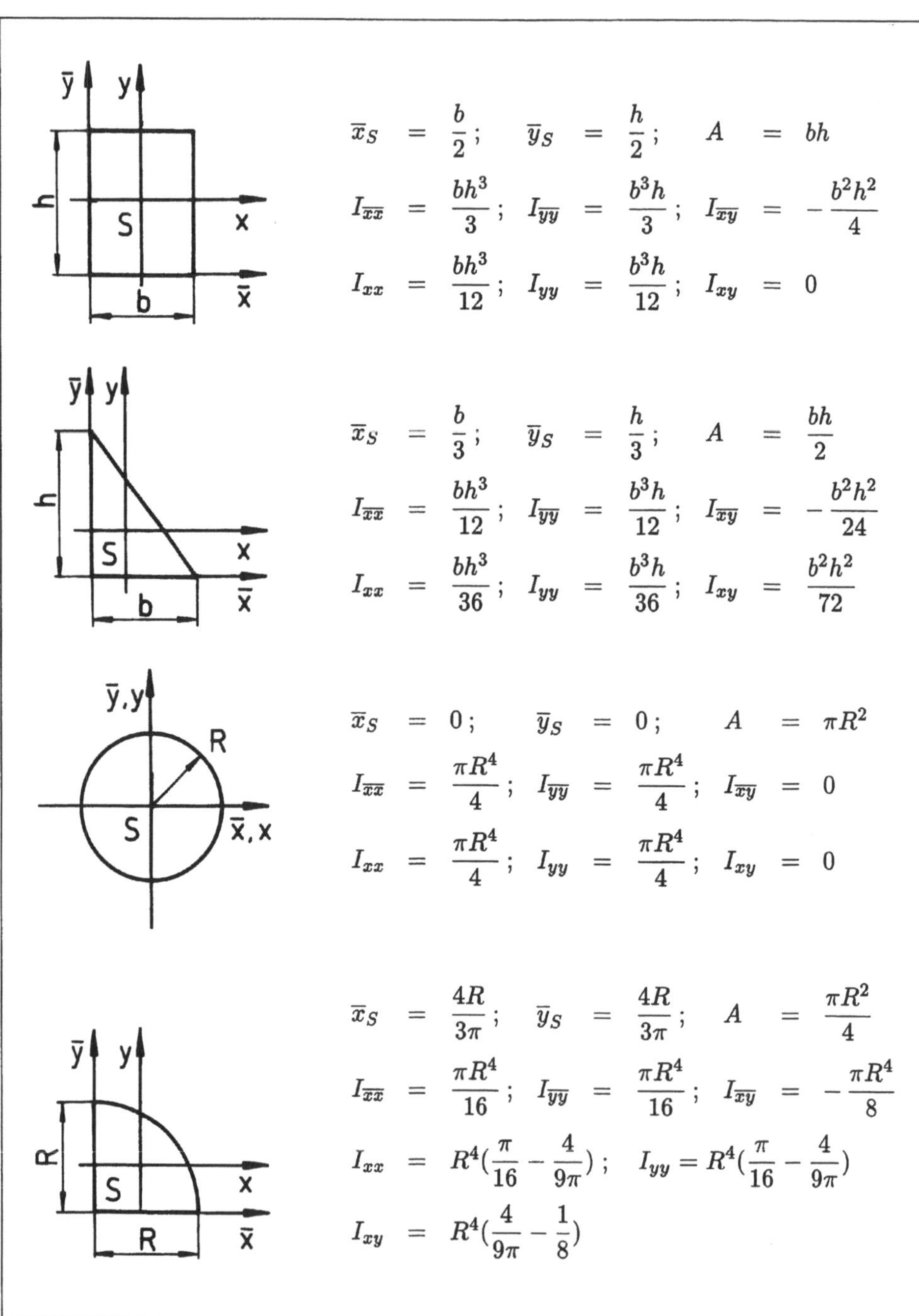

$$\overline{x}_S \;=\; \frac{b}{2}\,; \qquad \overline{y}_S \;=\; \frac{h}{2}\,; \qquad A \;=\; bh$$

$$I_{\overline{x}\overline{x}} \;=\; \frac{bh^3}{3}\,; \quad I_{\overline{y}\overline{y}} \;=\; \frac{b^3 h}{3}\,; \quad I_{\overline{x}\overline{y}} \;=\; -\frac{b^2 h^2}{4}$$

$$I_{xx} \;=\; \frac{bh^3}{12}\,; \quad I_{yy} \;=\; \frac{b^3 h}{12}\,; \quad I_{xy} \;=\; 0$$

$$\overline{x}_S \;=\; \frac{b}{3}\,; \qquad \overline{y}_S \;=\; \frac{h}{3}\,; \qquad A \;=\; \frac{bh}{2}$$

$$I_{\overline{x}\overline{x}} \;=\; \frac{bh^3}{12}\,; \quad I_{\overline{y}\overline{y}} \;=\; \frac{b^3 h}{12}\,; \quad I_{\overline{x}\overline{y}} \;=\; -\frac{b^2 h^2}{24}$$

$$I_{xx} \;=\; \frac{bh^3}{36}\,; \quad I_{yy} \;=\; \frac{b^3 h}{36}\,; \quad I_{xy} \;=\; \frac{b^2 h^2}{72}$$

$$\overline{x}_S \;=\; 0\,; \qquad \overline{y}_S \;=\; 0\,; \qquad A \;=\; \pi R^2$$

$$I_{\overline{x}\overline{x}} \;=\; \frac{\pi R^4}{4}\,; \quad I_{\overline{y}\overline{y}} \;=\; \frac{\pi R^4}{4}\,; \quad I_{\overline{x}\overline{y}} \;=\; 0$$

$$I_{xx} \;=\; \frac{\pi R^4}{4}\,; \quad I_{yy} \;=\; \frac{\pi R^4}{4}\,; \quad I_{xy} \;=\; 0$$

$$\overline{x}_S \;=\; \frac{4R}{3\pi}\,; \quad \overline{y}_S \;=\; \frac{4R}{3\pi}\,; \quad A \;=\; \frac{\pi R^2}{4}$$

$$I_{\overline{x}\overline{x}} \;=\; \frac{\pi R^4}{16}\,; \quad I_{\overline{y}\overline{y}} \;=\; \frac{\pi R^4}{16}\,; \quad I_{\overline{x}\overline{y}} \;=\; -\frac{\pi R^4}{8}$$

$$I_{xx} \;=\; R^4\left(\frac{\pi}{16} - \frac{4}{9\pi}\right)\,; \quad I_{yy} = R^4\left(\frac{\pi}{16} - \frac{4}{9\pi}\right)$$

$$I_{xy} \;=\; R^4\left(\frac{4}{9\pi} - \frac{1}{8}\right)$$

Tafel 1: Schwerpunktkoordinaten und Flächenmomente 2. Grades

Flächenmomente 2. Grades bezüglich des Flächenschwerpunktes:

$$I_{xx} = \int\limits_{(A)} y^2 \, \mathrm{d}A \quad ; \quad I_{yy} = \int\limits_{(A)} x^2 \, \mathrm{d}A \quad ; \quad I_{xy} = - \int\limits_{(A)} yx \, \mathrm{d}A,$$

Satz von STEINER:

$$I_{xx} = I_{\overline{xx}} - \overline{y}_S \overline{y}_S A \; ; \quad I_{yy} = I_{\overline{yy}} - \overline{x}_S \overline{x}_S A \; ; \quad I_{xy} = I_{\overline{xy}} + \overline{y}_S \overline{x}_S A,$$

Hauptflächenmomente:

$$I_{\max} = \frac{1}{2}(I_{xx} + I_{yy}) + \sqrt{[\frac{1}{2}(I_{xx} - I_{yy})]^2 + I_{xy}^2} \, ,$$

$$I_{\min} = \frac{1}{2}(I_{xx} + I_{yy}) - \sqrt{[\frac{1}{2}(I_{xx} - I_{yy})]^2 + I_{xy}^2} \, ,$$

Richtungswinkel der *Hauptzentralachsen*: $\tan 2\varphi_o = \dfrac{2I_{xy}}{I_{xx} - I_{yy}}$.

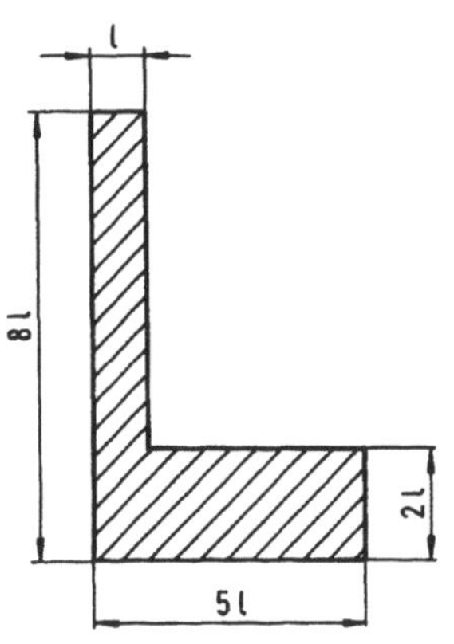

Abbildung 10.1.1: Winkelprofil

Die Berechnungen für diese Aufgabe werden selbstverständlich tabellarisch durchgeführt. Wir wählen zwei Varianten für die Lage des Koordinatenursprunges, um die Vorteile eines günstigen $\overline{x}, \overline{y}$-Koordinatensystems zu zeigen. Natürlich müssen wir zunächst die Schwerpunktkoordinaten $\overline{x}_S, \overline{y}_S$ der Gesamtfläche bestimmen.

Der Tafel 1 entnimmt man die Größe des Flächenmomentes 2. Grades eines Rechteckquerschnittes (Breite b_i und Höhe h_i) bezüglich der $\overline{x}$-Achse durch seinen Schwerpunkt S_i zu $I_{\overline{x}_i \overline{x}_i} = b_i h_i^3 / 12$.

Variante 1: (Abb. 10.1.2)

Mit den Werten aus der folgenden Tabelle erhält man für die Schwerpunktkoordinaten

$$\overline{x}_S = \frac{1}{A} \sum_{i=1}^{2} \overline{x}_i A_i = \frac{28,0}{16,0} l = 1,75 \, l \quad ; \quad \overline{y}_S = \frac{1}{A} \sum_{i=1}^{2} \overline{y}_i A_i = \frac{40,0}{16,0} l = 2,50 \, l \, .$$

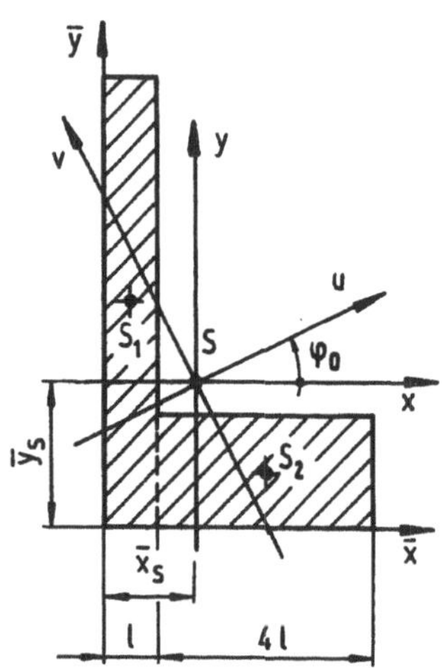

Abbildung 10.1.2: Koordinatensystem 1

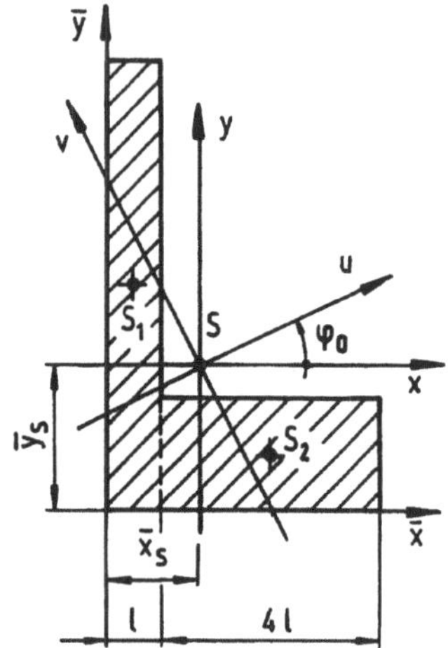

Abbildung 10.1.3: Koordinatensystem 2

i	A_i	$\overline{x}_i$	$\overline{y}_i$	$\overline{x}_i A_i$	$\overline{y}_i A_i$	$\overline{x}_i - \overline{x}_S$	$\overline{y}_i - \overline{y}_S$
.	l^2	l	l	l^3	l^3	l	l
1	8,0	0,5	4,0	4,0	32,0	-1,25	1,5
2	8,0	3,0	1,0	24,0	8,0	1,25	-1,5
$\sum$	16,0	–	–	28,0	40,0	–	–

Zur Berechnung der Flächenmomente 2. Grades für die Rechteckflächen 1 und 2
benötigt man die auf ihre Symmetrieachsen bezogenen Flächenmomente 2. Grades
(das *Zentrifugalmoment* $I_{\overline{x}\overline{y}}$ eines Rechteckquerschnittes bezüglich seiner Symmetrieachsen ist immer Null)

$$I_{\overline{x}_1\overline{x}_1} = \frac{l \cdot (8l)^3}{12} = 42,67\,l^4 \quad ; \quad I_{\overline{y}_1\overline{y}_1} = \frac{8l \cdot l^3}{12} = 0,67\,l^4 \, ,$$

$$I_{\overline{x}_2\overline{x}_2} = \frac{4l \cdot (2l)^3}{12} = 2,67\,l^4 \quad ; \quad I_{\overline{y}_2\overline{y}_2} = \frac{2l \cdot (4l)^3}{12} = 10,67\,l^4 \, .$$

i	$I_{\overline{x}_i\overline{x}_i}$	$I_{\overline{y}_i\overline{y}_i}$	$(\overline{y}_i - \overline{y}_S)^2 A_i$	$(\overline{x}_i - \overline{x}_S)^2 A_i$	$(\overline{y}_i - \overline{y}_S)(\overline{x}_i - \overline{x}_S) A_i$
.	l^4	l^4	l^4	l^4	l^4
1	42,67	0,67	18,0	12,5	-15,0
2	2,67	10,67	18,0	12,5	-15,0
$\sum$	45,34	11,34	36,0	25,0	-30,0

$$I_{xx} = \sum_{i=1}^{2}[I_{\overline{x}_i\overline{x}_i} + (\overline{y}_i - \overline{y}_S)^2 A_i] \quad = \sum_{i=1}^{2} I_{\overline{x}_i\overline{x}_i} + \sum_{i=1}^{2} (\overline{y}_i - \overline{y}_S)^2 A_i$$

$$= (45,34 + 36,0)\, l^4 = 81,34\, l^4\,,$$

$$I_{yy} = \sum_{i=1}^{2}[I_{\overline{y}_i\overline{y}_i} + (\overline{x}_i - \overline{x}_S)^2 A_i] \quad = \sum_{i=1}^{2} I_{\overline{y}_i\overline{y}_i} + \sum_{i=1}^{2} (\overline{x}_i - \overline{x}_S)^2 A_i$$

$$= (11,34 + 25,0)\, l^4 = 36,34\, l^4\,,$$

$$I_{xy} = - \sum_{i=1}^{2} (\overline{y}_i - \overline{y}_S)(\overline{x}_i - \overline{x}_S) A_i \qquad\qquad = 30,0\, l^4\,.$$

Die Hauptflächenmomente und der Drehwinkel zu den Hauptzentralachsen u, v haben dann die Größe

$$I_{\max} = \frac{1}{2}(I_{xx} + I_{yy}) + \sqrt{\left[\frac{1}{2}(I_{xx} - I_{yy})\right]^2 + I_{xy}^2} = 96,33\, l^4 = I_u\,,$$

$$I_{\min} = \frac{1}{2}(I_{xx} + I_{yy}) - \sqrt{\left[\frac{1}{2}(I_{xx} - I_{yy})\right]^2 + I_{xy}^2} = 21,33\, l^4 = I_v\,,$$

$$\tan 2\varphi_o = \frac{2I_{xy}}{I_{xx} - I_{yy}} = 1,3330 \qquad \rightarrow \qquad \varphi_o = 26,6°\,.$$

Variante 2: (Abb. 10.1.3)

Wir teilen die Flächen neu auf und wählen ein anderes $\overline{x}, \overline{y}$–Koordinatensystem.

i	A_i	$\overline{x}_i$	$\overline{y}_i$	$\overline{x}_i A_i$	$\overline{y}_i A_i$	$\overline{x}_i - \overline{x}_S$	$\overline{y}_i - \overline{y}_S$
$\cdot$	l^2	l	l	l^3	l^3	l	l
1	6,0	0,0	4,0	0,0	24,0	-1,25	2,5
2	10,0	2,0	0,0	20,0	0,0	0,75	-1,5
$\sum$	16,0	–	–	20,0	24,0	–	–

i	$I_{\overline{x}_i\overline{x}_i}$	$I_{\overline{y}_i\overline{y}_i}$	$(\overline{y}_i - \overline{y}_S)^2 A_i$	$(\overline{x}_i - \overline{x}_S)^2 A_i$	$(\overline{y}_i - \overline{y}_S)(\overline{x}_i - \overline{x}_S) A_i$
$\cdot$	l^4	l^4	l^4	l^4	l^4
1	18,00	0,50	37,5	9,375	-18,75
2	3,33	20,83	22,5	5,625	-11,25
$\sum$	21,33	21,33	60,0	15,0	-30,0

Dabei ergeben sich bzw. wurden eingesetzt

$$\overline{x}_S = \frac{1}{A}\sum_{i=1}^{2}\overline{x}_i A_i \;=\; \frac{20,0}{16,0}\,l = 1,25\,l \;\;;\quad \overline{y}_S = \frac{1}{A}\sum_{i=1}^{2}\overline{y}_i A_i \;=\; \frac{24,0}{16,0}\,l = 1,50\,l\,,$$

$$I_{\overline{x}_1\overline{x}_1} = \frac{l\cdot(6l)^3}{12} = 18,00\,l^4 \qquad ;\; I_{\overline{y}_1\overline{y}_1} = \frac{6l\cdot l^3}{12} = 0,50\,l^4\,,$$

$$I_{\overline{x}_2\overline{x}_2} = \frac{5l\cdot(2l)^3}{12} = 3,33\,l^4 \qquad ;\; I_{\overline{y}_2\overline{y}_2} = \frac{2l\cdot(5l)^3}{12} = 20,83\,l^4\,,$$

$$I_{xx} = \sum_{i=1}^{2}[I_{\overline{x}_i\overline{x}_i} + (\overline{y}_i - \overline{y}_S)^2 A_i] \;=\; \sum_{i=1}^{2} I_{\overline{x}_i\overline{x}_i} + \sum_{i=1}^{2}(\overline{y}_i - \overline{y}_S)^2 A_i$$

$$= (21,33 + 60,0)\,l^4 = 81,33\,l^4\,,$$

$$I_{yy} = \sum_{i=1}^{2}[I_{\overline{y}_i\overline{y}_i} + (\overline{x}_i - \overline{x}_S)^2 A_i] \;=\; \sum_{i=1}^{2} I_{\overline{y}_i\overline{y}_i} + \sum_{i=1}^{2}(\overline{x}_i - \overline{x}_S)^2 A_i$$

$$= (21,33 + 15,0)\,l^4 = 36,33\,l^4\,,$$

$$I_{xy} = -\sum_{i=1}^{2}(\overline{y}_i - \overline{y}_S)(\overline{x}_i - \overline{x}_S)A_i = 30,0\,l^4\,.$$

Man erkennt, daß diese Ergebnisse mit denen der **Variante 1** exakt übereinstimmen.

Aufgabe 10.2: Für die in Abb. 10.2.1 dargestellte Fläche sind die Hauptflächenmomente und die Hauptzentralachsen gesucht.

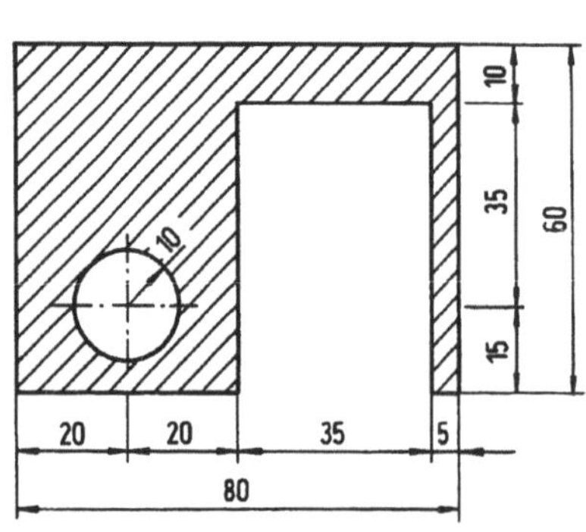

Abbildung 10.2.1: Fläche

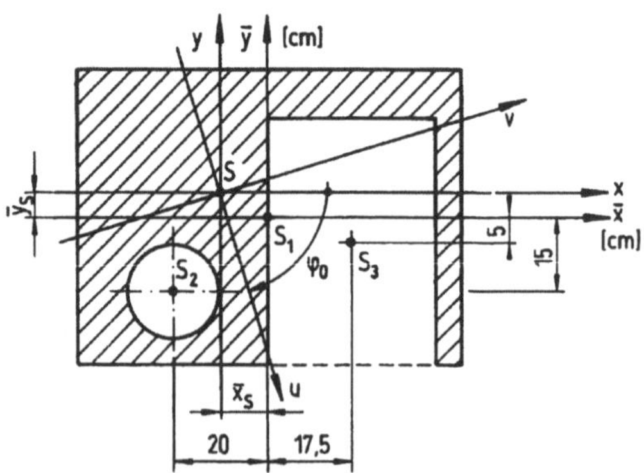

Abbildung 10.2.2: Hauptzentralachsen

Zur Lösung dieser Aufgabe teilt man die Fläche in ein Rechteck 1 mit positivem Flächeninhalt und zwei Flächen 2 (Kreis) und 3 (Rechteck) mit negativen Flächeninhalten auf. Das $\overline{x}, \overline{y}$−Koordinatensystem liegt im Schwerpunkt S_1 des großen Rechtecks. Der Flächeninhalt des Kreises ist mit $A_3 = -\pi r^2 = -314,2\,\text{cm}^2$ einzusetzen.

i	A_i	$\overline{x}_i$	$\overline{y}_i$	$\overline{x}_i A_i$	$\overline{y}_i A_i$	$\overline{x}_i - \overline{x}_S$	$\overline{y}_i - \overline{y}_S$
·	cm^2	cm	cm	cm^3	cm^3	cm	cm
1	4800,0	0,0	0,0	0,0	0,0	8,9	-4,9
2	-314,2	-20,0	-15,0	6284,0	4713,0	-11,1	-19,9
3	-1750,0	17,5	-5,0	-30625,0	8750,0	26,4	-9,9
$\sum$	2735,8	–	–	-24341,0	13463,0	–	–

$$\overline{x}_S = \frac{-24341,0}{2735,8} = -8,9\,\text{cm} \quad ; \quad \overline{y}_S = \frac{13463,0}{2735,8} = 4,9\,\text{cm},$$

$$I_{\overline{x}_1\overline{x}_1} = \frac{80,0 \cdot 60,0^3}{12} = 1\,440\,000,0\,\text{cm}^4 ; \quad I_{\overline{y}_1\overline{y}_1} = \frac{60,0 \cdot 80,0^3}{12} = 2\,560\,000,0\,\text{cm}^4,$$

$$I_{\overline{x}_2\overline{x}_2} = -\frac{\pi \cdot 10,0^4}{4} = -7\,854,0\,\text{cm}^4 ; \quad I_{\overline{y}_2\overline{y}_2} = -\frac{\pi \cdot 10,0^4}{12} = -7\,854,0\,\text{cm}^4,$$

$$I_{\overline{x}_3\overline{x}_3} = -\frac{35,0 \cdot 50,0^3}{12} = -364\,583,3\,\text{cm}^4 ; \quad I_{\overline{y}_3\overline{y}_3} = -\frac{50,0 \cdot 35,0^3}{12} = -178\,645,8\,\text{cm}^4.$$

i	$I_{\overline{x}_i\overline{x}_i}$	$I_{\overline{y}_i\overline{y}_i}$	$(\overline{y}_i - \overline{y}_S)^2 A_i$	$(\overline{x}_i - \overline{x}_S)^2 A_i$	$(\overline{y}_i - \overline{y}_S)(\overline{x}_i - \overline{x}_S) A_i$
·	cm^4	cm^4	cm^4	cm^4	cm^4
1	1 440 000,0	2 560 000,0	115 248,0	380 208,0	-209 328,0
2	-7 854,0	-7 854,0	-124 426,3	-38 712,6	-69 403,6
3	-364 583,3	-178 645,8	-171 517,5	-1 219 680,0	457 380,0
$\sum$	1 067 562,7	2 373 500,2	-180 695,8	-878 184,6	178 648,4

$$I_{xx} = \sum_{i=1}^{3}[I_{\overline{x}_i\overline{x}_i} + (\overline{y}_i - \overline{y}_S)^2 A_i] = \sum_{i=1}^{3} I_{\overline{x}_i\overline{x}_i} + \sum_{i=1}^{3}(\overline{y}_i - \overline{y}_S)^2 A_i$$

$$= (1\,067\,562,7 - 180\,695,8) = 886\,866,9\,\text{cm}^4,$$

$$I_{yy} = \sum_{i=1}^{3}\left[I_{\overline{y}_i\overline{y}_i} + (\overline{x}_i - \overline{x}_S)^2 A_i\right] \quad = \sum_{i=1}^{3} I_{\overline{y}_i\overline{y}_i} + \sum_{i=1}^{3}(\overline{x}_i - \overline{x}_S)^2 A_i$$

$$= (2\,373\,500,2 - 878\,184,6) = 1\,495\,315,6\,\mathrm{cm}^4\,,$$

$$I_{xy} = -\sum_{i=1}^{3}(\overline{y}_i - \overline{y}_S)(\overline{x}_i - \overline{x}_S)A_i \qquad\qquad = -178\,648,4\,\mathrm{cm}^4\,.$$

$$I_{\max} = \frac{1}{2}(I_{xx} + I_{yy}) + \sqrt{\left[\tfrac{1}{2}(I_{xx} - I_{yy})\right]^2 + I_{xy}^2} \;=\; 1\,543\,891,1\,\mathrm{cm}^4 \quad = I_u\,,$$

$$I_{\min} = \frac{1}{2}(I_{xx} + I_{yy}) - \sqrt{\left[\tfrac{1}{2}(I_{xx} - I_{yy})\right]^2 + I_{xy}^2} \;=\; 838\,291,5\,\mathrm{cm}^4 \quad = I_v\,,$$

$$\tan 2\varphi_o = \frac{2I_{xy}}{I_{xx} - I_{yy}} = 0,58723 \qquad \rightarrow \quad 2\varphi_o = 30,4^\circ \quad \text{bzw.} \quad 2\varphi_o = 210,4^\circ\,.$$

Wie man sieht, ist die Größe des Winkels $2\varphi_o$ nicht eindeutig. Man muß daher eine zweite Gleichung zur Bestimmung heranziehen:

$$\tan\varphi_o = \frac{I_{\max} - I_{xx}}{I_{xy}} = \frac{I_{yy} - I_{\min}}{I_{xy}} = \frac{I_{xy}}{I_{\max} - I_{yy}} = \frac{I_{xy}}{I_{xx} - I_{\min}}\,.$$

Aus allen Gleichungen erhält man

$$\tan\varphi_o = -3,678 \quad \rightarrow \quad \varphi_o = -74,8^\circ\,.$$

Dieser Winkel gehört zu dem Wert $\varphi_o = 105,2^\circ$ der ersten Lösung (Abb. 10.2.2).

10.2   Spannungszustand

Den Spannungszustand eines Trägers bei *gerader Biegung mit Längskraft* berechnet man aus den nachstehenden Formeln. Diese Gleichungen können natürlich auch für eine *Bemessung* herangezogen werden, wobei man im Gegensatz zur *Biegung ohne Längskraft* bei *Biegung mit Längskraft* meistens um ein „Probieren" nicht herumkommt.

$$\sigma(y,z) = \frac{L(z)}{A(z)} + \frac{M(z)}{I_{xx}(z)}y \;\;;\;\; W_o(z) = \frac{I_{xx}(z)}{|y_o|} \;\;;\;\; W_u(z) = \frac{I_{xx}(z)}{y_u}\,,$$

$$\sigma_o(y_o,z) = \frac{L(z)}{A(z)} - \frac{M(z)}{W_o(z)} \;\;;\;\; \sigma_u(y_u,z) = \frac{L(z)}{A(z)} + \frac{M(z)}{W_u(z)}\,.$$

Aufgabe 10.3: Für den in Abb. 10.3.1 gezeichneten Träger mit T-Querschnitt ($b = 3,0$ cm) sind die maximalen Spannungen zu ermitteln.

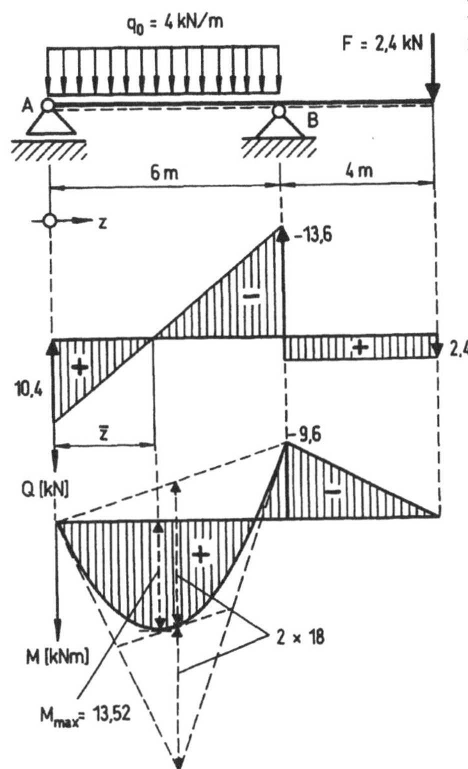

Abbildung 10.3.1: Träger und Schnittgrößenschaubilder

Die Lösung dieser Aufgabe besteht aus mehreren Teilaufgaben:

1. Freischneiden des Tragwerkes und Einzeichnen aller Stützkräfte, Stützmomente und Gelenkkräfte.

2. Berechnung von Größe und Lage der Resultierenden aller Linienkräfte.

3. Ermittlung aller Stützkräfte, Stützmomente und Gelenkkräfte.

4. Herleitung der Schnittgrößen und Bestimmung von Ort und Größe des maximalen Biegemomentes.

5. Berechnung der geometrischen Werte (Flächengröße, Schwerpunktlage, Flächenmomente 2. Grades) der Trägerquerschnittsfläche.

6. Berechnung der maximalen Querschnittsspannungen, wobei unter Umständen verschiedene Kombinationen zu prüfen sind.

Bei der Untersuchung derartiger Aufgaben darf man sich nicht allzu lange mit den „vorbereitenden" Arbeiten wie Freischneiden, Stütz- und Gelenkkraftberechnungen aufhalten. Auch wir werden die sich aus den Momentengleichgewichtsbedingungen um die Auflagerpunkte B und A folgenden Stützkräfte sofort hinschreiben:

$$F_A = \frac{1}{6,0}[(4,0 \cdot 6,0) \cdot 3,0 - 2,4 \cdot 4,0] = 10,4\,\text{kN} ,$$

$$F_{BV} = \frac{1}{6,0}[(4,0 \cdot 6,0) \cdot 3,0 + 2,4 \cdot 10,0] = 16,0\,\text{kN} ; \quad F_{BH} = 0,0\,\text{kN} .$$

Da die Linienkraft zwischen den Auflagern A und B konstant ist, hat die Querkraft wegen $dQ/dz = -p = q_o = $ konst. einen linearen Verlauf, so daß man sofort aus

$$Q(z = \bar{z}) = 10,4 - 4,0 \cdot \bar{z} = 0 \qquad \rightarrow \qquad \bar{z} = 2,6\,\text{m}$$

die Stelle des maximalen Momentes zwischen den Auflagern findet. Dieses besitzt die Größe

$$M_{\text{max}} = M(z = \bar{z}) = 10,4 \cdot 2,6 - (4,0 \cdot 2,6) \cdot \frac{2,6}{2} = 13,52\,\text{kNm}\,.$$

(*Anmerkung*: Eine einfache Kontrolle für dieses Biegemoment besteht darin, daß wegen der Differentialbeziehungen zwischen den Schnittgrößen das Biegemoment gleich dem Flächeninhalt unter der Querkraftlinie ist. Man kann das auch für das Moment über dem Lager B mit $M_B = -2,4 \cdot 4,0 = -9,6\,\text{kNm}$ leicht nachprüfen.)

Obgleich in der Aufgabe nicht gefordert, wird man dennoch die Querkraft- und Momentenfunktionen aufzeichnen, um den Trägerquerschnitt mit der maximalen Beanspruchung zu finden. Da $L(z) = 0$ ist, wird das immer dort sein, wo das betragsmäßig maximale Biegemoment vorhanden ist. (Für die Konstruktion der Parabeltangenten berechnet man den Wert $q_o l^2 / 8 = 18,0\,\text{kNm}$.)

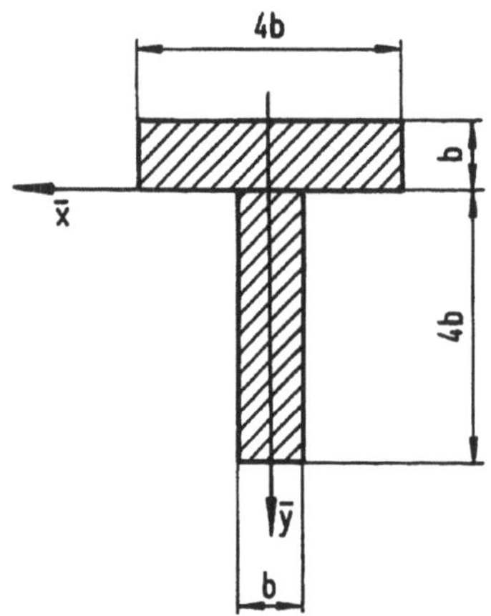

Nun benötigt man für die weitere Rechnung die geometrischen Werte des Träger-Querschnittes. Mit der Fläche $A = 8b^2 = 72,0\,\text{cm}^2$ (Abb. 10.3.2) liegt der Schwerpunkt bei

$$\bar{x}_S = 0,0\,\text{cm}\,,$$

$$\bar{y}_S = \frac{1}{8b^2}[4b^2 \cdot \left(-\frac{b}{2}\right) + 4b^2 \cdot 2b] = \frac{3}{4}b = 2,25\,\text{cm}\,.$$

Das Flächenmoment 2. Grades bezüglich der horizontalen x–Achse durch den Schwerpunkt der Fläche wird nach dem Satz von STEINER ermittelt. Es ergibt sich zusammen mit den *Widerstandsmomenten* W_o und W_u

Abbildung 10.3.2: Trägerquerschnitt

$$I_{xx} = \frac{4b \cdot b^3}{12} + (-0,5 - 0,75)^2\, b^2 \cdot 4b^2 + \frac{b \cdot (4b)^3}{12} + (2,0 - 0,75)^2\, b^2 \cdot 4b^2$$

$$= 18,167 b^4 = 1\,471,5\,\text{cm}^4\,,$$

$$W_o = \frac{I_{xx}}{|\bar{y}_o - \bar{y}_S|} = \frac{18,167\,b^4}{|-1,0 - 0,75|\,b} = 10,381\,b^3 = \frac{1\,471,5}{|-3,0 - 2,25|} = 280,3\,\text{cm}^3\,,$$

$$W_u = \frac{I_{xx}}{\overline{y}_u - \overline{y}_S} = \frac{18,167\,b^4}{(4,0 - 0,75)\,b} = 5,590\,b^3 = \frac{1\,471,5}{12,0 - 2,25} = 150,9\,\text{cm}^3\,.$$

Mit diesen Werten folgen die gesuchten Randspannungen im Trägerquerschnitt zu

$$\sigma_o = -\frac{M_{\max}}{W_o} = -\frac{1\,352,0\,\text{kNcm}}{280,3\,\text{cm}^3} = -4,823\,\frac{\text{kN}}{\text{cm}^2}\,,$$

$$\sigma_u = \frac{M_{\max}}{W_u} = \frac{1\,352,0\,\text{kNcm}}{150,9\,\text{cm}^3} = 8,960\,\frac{\text{kN}}{\text{cm}^2}\,.$$

Aufgabe 10.4: Ein Kragträger (Maße in cm) wird durch eine Kraft $F = 600,0$ kN auf Zug und Biegung belastet (Abb. 10.4.1). Berechnen Sie die Randspannungen und zeichnen Sie das Spannungsdiagramm.

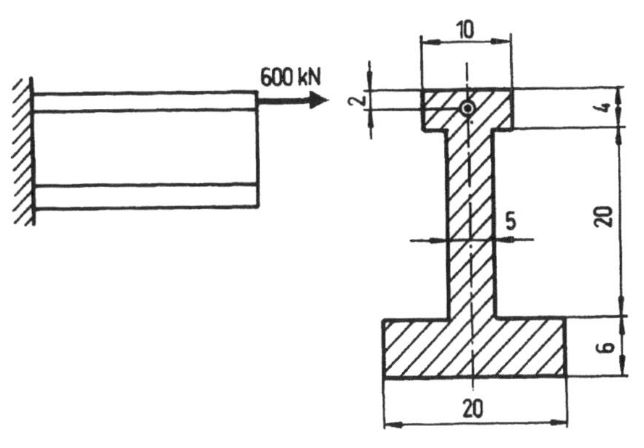

In dem $\overline{x}, \overline{y}$–Koordinatensystem bestimmt man die geometrischen Werte (Abb. 10.4.2)

$$A = 4,0 \cdot 10,0 + 5,0 \cdot 20,0 +$$

$$+\; 20,0 \cdot 6,0 = 260,0\,\text{cm}^2\,,$$

$$\overline{y}_S = \frac{1}{260,0}(40,0 \cdot 2,0 +$$

$$+\; 100,0 \cdot 14,0 +$$

$$+\; 120,0 \cdot 27,0) = 18,15\,\text{cm}\,,$$

Abbildung 10.4.1: Kragträger, Trägerquerschnitt

$$I_{xx} = \frac{10,0 \cdot 4,0^3}{12} + (\,2,0 - 18,15)^2 \cdot 40,0 +$$

$$+\; \frac{5,0 \cdot 20,0^3}{12} + (14,0 - 18,15)^2 \cdot 100,0 +$$

$$+\; \frac{20,0 \cdot 6,0^3}{12} + (27,0 - 18,15)^2 \cdot 120,0 = 253,0 \cdot 10^2\,\text{cm}^4\,,$$

$$W_o = \frac{I_{xx}}{|y_o|} = \frac{253,0 \cdot 10^2}{|-18,15|} = 1\,394,0\,\text{cm}^3 \;\; ; \;\; W_u = \frac{I_{xx}}{y_u} = \frac{253,0 \cdot 10^2}{30,0 - 18,15} = 2\,135,0\,\text{cm}^3\,.$$

Die auf das x, y-Koordinatensystem im Flächenschwerpunkt bezogenen Schnittgrößen haben die Werte

$$L = 600,0\,\text{kN} \quad ; \quad M = -600,0 \cdot (18,15 - 2,0) = -9\,690,0\,\text{kNcm}\,.$$

Damit erhält man die Randspannungen

$$\sigma_o = \frac{L}{A} - \frac{M}{W_o} = \frac{600,0}{260,0} - \frac{-9\,690,0}{1\,394,0} = 2,3077 + 6,9512 = \;\;9,259\,\frac{\text{kN}}{\text{cm}^2}\,,$$

$$\sigma_u = \frac{L}{A} + \frac{M}{W_u} = \frac{600,0}{260,0} + \frac{-9\,690,0}{2\,135,0} = 2,3077 - 4,5386 = -2,231\,\frac{\text{kN}}{\text{cm}^2}\,.$$

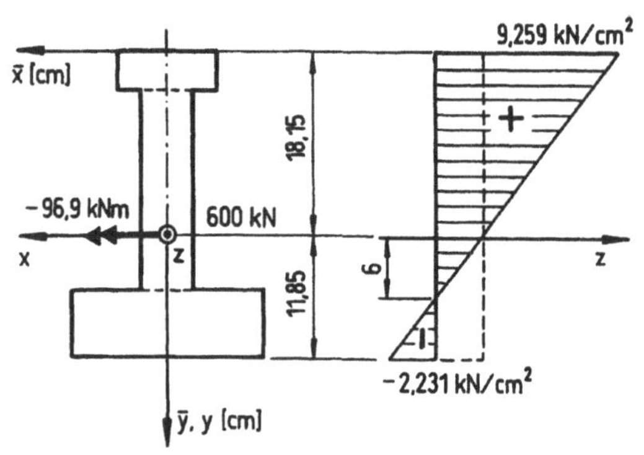

Diese Randspannungen werden im *Spannungsdiagramm* an der Ober- und Unterkante des Querschnitts eingezeichnet und durch eine gerade Linie verbunden (BERNOULLIsche *Hypothese vom Ebenbleiben der Querschnitte*). Die *Spannungsnullinie* liegt bei (Abb. 10.4.2)

$$y_N = -\frac{L I_{xx}}{M A} = -\frac{600,0 \cdot 253,0 \cdot 10^2}{-9690,0 \cdot 260,0}$$

$$= 6,0\,\text{cm}\,.$$

Abbildung 10.4.2: Spannungsdiagramm

10.3 Verschiebungszustand

Für die Ermittlung des *Verschiebungszustandes* eines Biegeträgers kann man entweder von einer DGL 2. Ordnung oder von einer DGL 4. Ordnung ausgehen:

$$\frac{\mathrm{d}^2 w(z)}{\mathrm{d}z^2} = w''(z) = -\frac{M(z)}{E I_{xx}(z)} \quad ; \quad \frac{\mathrm{d}^4 w(z)}{\mathrm{d}z^4} = w''''(z) = \frac{p(z)}{E I_{xx}}\,.$$

Beide Methoden haben ihre Vor- und Nachteile (Anzahl der Integrationskonstanten, Aufstellung der Momentenfunktion $M(z)$, Bedingung $E I_{xx} = $ konst. bei Anwendung der DGL 4. Ordnung in der angegebenen Form). Die bei der Integration entstehenden Integrationskonstanten folgen aus den *Randbedingungen* bzw. den *Übergangsbedingungen*, welche man sich bei der Lösung überlegen muß.

Aufgabe 10.5: Für den in Abb. 10.5 dargestellten Träger sind Ort und Größe der maximalen Durchbiegung im Bereich $0 \leqq s \leqq 8l$ zu bestimmen.

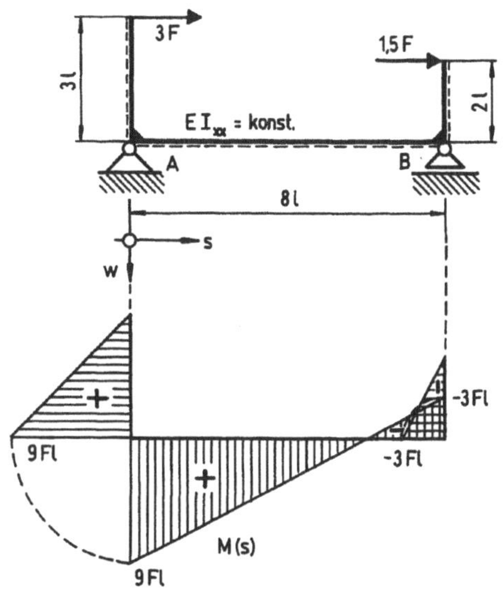

Abbildung 10.5: Tragwerk

Um die Funktion $M(s)$ des Biegemomentes im horizontalen Trägerbereich zu finden, ist es bei dieser Aufgabe nicht erforderlich, die Stützkräfte auszurechnen. Da in dem Bereich $0 \leqq s \leqq 8l$ die Linienkraft Null und demzufolge die Querkraft konstant sind, muß das Biegemoment einen linearen Verlauf haben. Damit genügen die beiden Momente an den biegesteifen Ecken $M_A = 3\,F \cdot 3\,l = 9\,Fl$ und $M_B = -1,5\,F \cdot 2\,l = -3\,Fl$, um die lineare Funktion $M(s) = k_1 + k_2 s$ aufzustellen. Aus den *Randbedingungen* folgen zunächst die Konstanten

$$M(s=0) = M_A = 9\,Fl = k_1\,,$$

$$M(s=8l) = M_B = -3\,Fl = k_1 + k_2 8\,l$$

$$\rightarrow\ k_2 = -1,5\,F\,.$$

Damit lautet die Funktion des Biegemomentes

$$M(s) = 1,5\Big(6 - \frac{s}{l}\Big)Fl\,,$$

und man kann die Integration der DGL ausführen:

$$EI_{xx}w''(s) = -1,5\Big(6 - \frac{s}{l}\Big)Fl = \qquad -M(s)\,,$$

$$EI_{xx}w'(s) = -1,5\Big(6\frac{s}{l} - \frac{1}{2}\frac{s^2}{l^2}\Big)Fl^2 + c_1\,,$$

$$EI_{xx}w(s) = -1,5\Big(3\frac{s^2}{l^2} - \frac{1}{6}\frac{s^3}{l^3}\Big)Fl^3 + c_1 s + c_2\,.$$

Über die *Randbedingungen*, daß die Durchbiegung an den Auflagern verschwinden muß, ergibt sich die gesuchte Funktion der elastischen Linie (Biegelinie):

$$EI_{xx}w(s=0) = 0 = c_2\,,$$

$$EI_{xx}w(s=8l) = 0 = -1,5\Big(3 \cdot 64 - \frac{1}{6} \cdot 512\Big)Fl^3 + c_1 8\,l \quad \rightarrow\ c_1 = 20\,Fl^2\,,$$

$$w(s) = \frac{Fl^3}{4EI_{xx}}\left(80\frac{s}{l} - 18\frac{s^2}{l^2} + \frac{s^3}{l^3}\right).$$

Die maximale Durchbiegung tritt an der Stelle auf, an der die 1. Ableitung der elastischen Linie Null wird, also bei

$$w'(s = \bar{s}) = \frac{Fl^2}{4EI_{xx}}\left(80 - 36\frac{\bar{s}}{l} + 3\frac{\bar{s}^2}{l^2}\right) = 0 \quad \rightarrow \quad \bar{s} = 2,945\,l.$$

(*Anmerkung*: Die vorstehende quadratische Gleichung für $\bar{s}$ besitzt natürlich noch eine zweite Lösung $\bar{s} = 9,055\,l$, aber diese Stelle liegt außerhalb des Trägerbereiches.)

Trägt man den Wert $\bar{s} = 2,945\,l$ in die Funktion der Biegelinie ein, erhält man

$$w_{\max} = \frac{Fl^3}{4EI_{xx}}(80 \cdot 2,945 - 18 \cdot 2,945^2 + 2,945^3) = 26,257\,\frac{Fl^3}{EI_{xx}}.$$

Aufgabe 10.6: Berechnen Sie für den in Abb. 10.6 gezeichneten Träger die Stützgrößen. An welcher Stelle tritt die maximale Durchbiegung auf und wie groß ist diese?

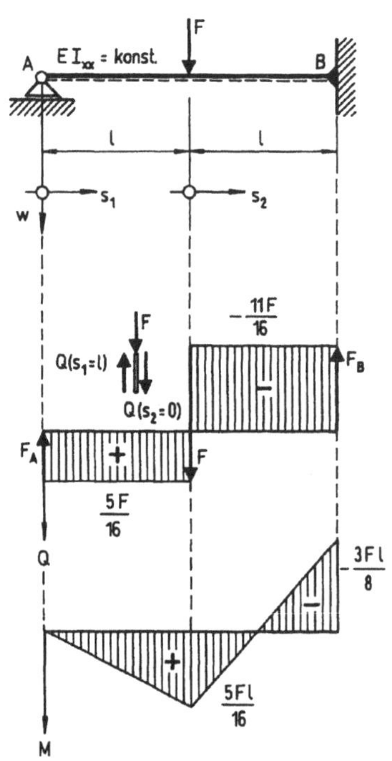

Abbildung 10.6: Statisch unbestimmter Träger

Diese Aufgabe ist etwas umfangreicher und wird aus Zeitgründen kaum als Klausuraufgabe gestellt werden. Man kann daran aber den Umgang mit etwas komplizierteren Biegeproblemen trainieren, und deshalb soll sie auch hier behandelt werden. (Neben den Randbedingungen existieren bei derartigen Aufgaben auch *Übergangsbedingungen*.)

Zunächst findet man, daß der Träger mit $a = 4$ Stützgrößen, $g = 0$ Gelenken und $n = 1$ Tragwerkteil wegen

$$a + 2g = 4 + 2 \cdot 0 = 4 > 3 \cdot 1 = 3$$

1-fach *statisch unbestimmt* ist, also mit den 3 zur Verfügung stehenden Gleichgewichtsbedingungen nicht berechnet werden kann. Demzufolge sind die Stützgrößen und damit die Funktion $M(s)$ des Biegemomentes von vornherein nicht zu ermitteln, und man kann nicht von der Differentialgleichung 2. Ordnung für die elastische Linie ausgehen, sondern muß die Differentialgleichung 4. Ordnung mit der in dieser Aufgabe Null zu setzenden Linienkraft $p(s)$ verwenden.

Man teilt den Träger in 2 Belastungsbereiche

$$0 \overset{\leq}{=} s_1 \overset{\leq}{=} l \quad ; \quad 0 \overset{\leq}{=} s_2 \overset{\leq}{=} l$$

ein und führt für jeden die Integration der DGL durch.

Bereich $0 \overset{\leq}{=} s_1 \overset{\leq}{=} l$:

$$EI_{xx}w''''(s_1) \;=\; p(s_1) = 0 \,,$$

$$EI_{xx}w'''(s_1) \;=\; c_1 \qquad\qquad = -Q(s_1) \,,$$

$$EI_{xx}w''(s_1) \;=\; c_1 s_1 + c_2 \qquad = -M(s_1) \,,$$

$$EI_{xx}w'(s_1) \;=\; c_1 \frac{s_1^2}{2} + c_2 s_1 + c_3 \,,$$

$$EI_{xx}w(s_1) \;=\; c_1 \frac{s_1^3}{6} + c_2 \frac{s_1^2}{2} + c_3 s_1 + c_4 \,;$$

Bereich $0 \overset{\leq}{=} s_2 \overset{\leq}{=} l$:

$$EI_{xx}w''''(s_2) \;=\; p(s_2) = 0 \,,$$

$$EI_{xx}w'''(s_2) \;=\; c_5 \qquad\qquad = -Q(s_2) \,,$$

$$EI_{xx}w''(s_2) \;=\; c_5 s_2 + c_6 \qquad = -M(s_2) \,,$$

$$EI_{xx}w'(s_2) \;=\; c_5 \frac{s_2^2}{2} + c_6 s_2 + c_7 \,,$$

$$EI_{xx}w(s_2) \;=\; c_5 \frac{s_2^3}{6} + c_6 \frac{s_2^2}{2} + c_7 s_2 + c_8 \,.$$

Für die in diesen beiden Gleichungen auftretenden 8 Integrationskonstanten stehen zunächst die *Randbedingungen* zur Verfügung: An dem linken Lager müssen die Durchbiegung und das Biegemoment verschwinden, und an der Einspannung müssen die Durchbiegung und die Tangentenneigung der Biegelinie Null sein. Daraus ergeben sich die 4 Gleichungen

$$w(s_1 = 0) \;=\; 0 \;:\qquad \rightarrow \quad c_4 = 0,$$

$$M(s_1 = 0) \;=\; 0 \;:\qquad \rightarrow \quad c_2 = 0,$$

$$w(s_2 = l) \;=\; 0 \;:\qquad c_5\frac{l^3}{6} + c_6\frac{l^2}{2} + c_7 l + c_8 = 0,$$

$$w'(s_2 = l) \;=\; 0 \;:\qquad c_5\frac{l^2}{2} + c_6 l + c_7 = 0.$$

Damit sind zunächst 2 Konstanten (c_2, c_4) bekannt, aber es fehlen noch 4 Gleichungen für die verbliebenen 6 Unbekannten. Diese gewinnen wir aus Überlegungen an der Grenze zwischen den beiden Bereichen, denn die Biegelinie darf dort keinen Sprung (mathematisch: *stetig*) und keinen Knick (mathematisch: *glatt*) aufweisen, das Biegemoment muß sowohl von links als auch von rechts her einen einheitlichen Wert ergeben, und das Gleichgewicht zwischen der Einzelkraft F und den Querkräften links und rechts von ihr im geschnittenen Träger muß ebenfalls gewährleistet sein.

Damit lauten die *Übergangsbedingungen*:

$$w(s_1 = l) = w(s_2 = 0) \qquad : \quad c_1\frac{l^3}{6} + c_3 l \;= c_8,$$

$$w'(s_1 = l) = w'(s_2 = 0) \qquad : \quad c_1\frac{l^2}{2} + c_3 \;= c_7,$$

$$M(s_1 = l) = M(s_2 = 0) \qquad : \qquad -c_1 \;= -c_6,$$

$$Q(s_1 = l) = Q(s_2 = 0) + F \;: \qquad -c_1 \;= -c_5 + F.$$

Jetzt stehen 6 Gleichungen für die 6 Konstanten $c_1, c_3, c_5, c_6, c_7, c_8$ zur Verfügung, und nach einer etwas langwierigen Weiterrechnung erhält man

$$c_1 = -\frac{5}{16}F \quad ; \quad c_3 = \frac{1}{8}Fl^2 \quad ; \quad c_5 = \frac{11}{16}F,$$

$$c_6 = -\frac{5}{16}Fl \quad ; \quad c_7 = -\frac{1}{32}Fl^2 \quad ; \quad c_8 = \frac{7}{96}Fl^3.$$

Bevor man diese Konstanten in die Funktionen einsetzt, sollte man sie *unbedingt* mit dem Gleichungssystem kontrollieren. Erst wenn man überzeugt ist, sich nicht verrechnet zu haben, fährt man mit der Untersuchung fort und formt die Funktionen so um, daß die Koordinaten s_1, s_2 in der dimensionslosen Form s_1/l, s_2/l erscheinen. Das hat rechentechnisch große Vorteile.

Bereich $0 \leqq s_1 \leqq l$:   *Bereich* $0 \leqq s_2 \leqq l$:

$$Q(s_1) = \frac{5}{16}F \qquad ; \; Q(s_2) = -\frac{11}{16}F \, ,$$

$$M(s_1) = \frac{5}{16}\frac{s_1}{l}Fl \qquad ; \; M(s_2) = \frac{1}{16}\left(5 - 11\frac{s_2}{l}\right)Fl \, ,$$

$$w'(s_1) = \frac{1}{32}\left(4 - 5\frac{s_1^2}{l^2}\right)\frac{Fl^2}{EI_{xx}} \qquad ; \; w'(s_2) = -\frac{1}{32}\left(1 + 10\frac{s_2}{l} - 11\frac{s_2^2}{l^2}\right)\frac{Fl^2}{EI_{xx}} \, ,$$

$$w(s_1) = \frac{1}{96}\left(12\frac{s_1}{l} - 5\frac{s_1^3}{l^3}\right)\frac{Fl^3}{EI_{xx}} \; ; \; w(s_2) = \frac{1}{96}\left(7 - 3\frac{s_2}{l} - 15\frac{s_2^2}{l^2} 11\frac{s_2^3}{l^3}\right)\frac{Fl^3}{EI_{xx}} \, .$$

Diese Schnittgrößenfunktionen werden als Schnittgrößenschaubilder (nach Möglichkeit unterhalb des Tragwerkes) gezeichnet. Dabei kann man zunächst überprüfen, ob die kinetischen Übergangsbedingungen bezüglich der Querkräfte und Biegemomente erfüllt sind. Weiterhin erhält man aber auch die gesuchten Stützgrößen:

$$F_A = Q(s_1 = 0) = \frac{5}{16}F \; ; \; F_B = -Q(s_2 = l) = \frac{11}{16}F \; ; \; M_B = -M(s_2 = l) = \frac{3}{8}Fl \, .$$

(*Anmerkung*: An dieser Aufgabe sei eine mitunter recht hilfreiche Kontrolle des Querkraftverlaufs erwähnt: Wenn man „rechts am Tragwerk" beginnt und alle Kräfte – nach links fortschreitend – ihrer Richtung nach anträgt, muß dieser Linienzug „links am Tragwerk" auf Null zurückgehen.)

Die horizontale Tangente für die größte Durchbiegung des Trägers liegt an der Stelle

$$w'(s_1 = \bar{s}_1) = 0 = 4 - 5\frac{\bar{s}_1^2}{l^2} \qquad \rightarrow \qquad \frac{\bar{s}_1}{l} = \sqrt{\frac{4}{5}} = 0,894 \, .$$

Setzt man diesen Wert in die Funktion für die elastische Linie ein, so folgt das gesuchte Ergebnis

$$w_{\max} = w(s_1 = \bar{s}_1) = \frac{1}{96}(12 \cdot 0,894 - 5 \cdot 0,894^3)\frac{Fl^3}{EI_{xx}} = 0,0745\frac{Fl^3}{EI_{xx}} \, .$$

Aufgabe 10.7:   Das linke Auflager eines zweiteiligen GERBER-Trägers wird um einen Wert w_o angehoben (Abb. 10.7). Berechnen Sie die auftretenden Verformungen und die Stützgrößen.

Diese Aufgabe ist in erster Linie im Zusammenhang mit Aufgabe 10.8 zu sehen, in der ein 1-fach statisch unbestimmter Träger untersucht wird. Ein statisch bestimmter

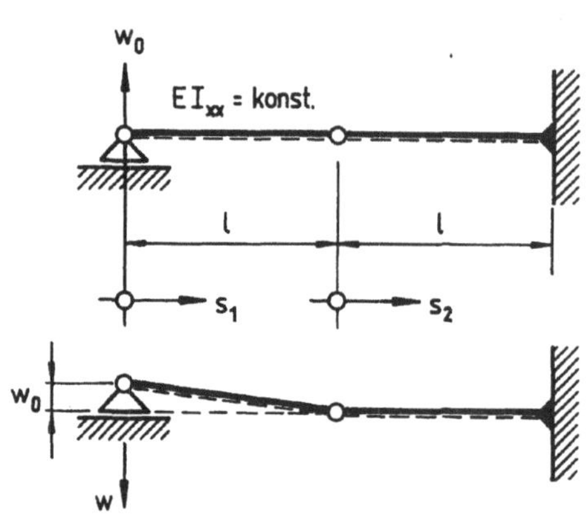

Abbildung 10.7: Statisch bestimmter
GERBER-Träger

GERBER-Träger darf sich – wie jedes andere statisch bestimmte Bauwerk – bei einer Stützenbewegung weder verbiegen (der Träger stellt sich nur schief, bleibt aber stückweise gerade!) noch dürfen sich irgendwelche Kräfte oder Momente ergeben. (Das ist auch der Grund dafür, daß man in bergsenkungsgefährdeten Gebieten vorwiegend statisch bestimmte Tragwerke baut.)

Wir wollen die Rechnung knapp halten und können für die Integrationen in den beiden unbelasteten Bereichen $0 \leqq s_1 \leqq l$ und $0 \leqq s_2 \leqq l$ auf die Gleichungen der Aufgabe 10.6 zurückgreifen.

Aus den 8 *Rand-* und *Übergangsbedingungen* folgen sofort die Integrationskonstanten:

$$w(s_1 = 0) = -w_o \quad \rightarrow c_4 = -EI_{xx}w_o \quad ; \quad M(s_1 = 0) = 0 \quad \rightarrow \quad c_2 = 0,$$

$$M(s_1 = l) = 0 \quad \rightarrow c_1 = 0 \quad ; \quad M(s_2 = 0) = 0 \quad \rightarrow \quad c_6 = 0,$$

$$w(s_2 = l) = 0 \quad : \quad c_5\frac{l^3}{6} + c_7 l + c_8 = 0,$$

$$w'(s_2 = l) = 0 \quad : \quad c_5\frac{l^2}{2} + c_7 = 0,$$

$$w(s_1 = l) = w(s_2 = 0) \quad : \quad c_3 l - EI_{xx}w_o = c_8,$$

$$Q(s_1 = l) = Q(s_2 = 0) \quad : \quad -c_1 = -c_5 \quad \rightarrow \quad c_5 = 0,$$

$$c_7 = 0 \quad ; \quad c_8 = 0 \quad ; \quad c_3 = \frac{EI_{xx}}{l}\, w_o.$$

Die geforderte Lösung lautet

$$Q(s_1) = 0 \quad ; \quad M(s_1) = 0 \quad ; \quad w'(s_1) = \frac{w_o}{l} \quad ; \quad w(s_1) = -w_o\Big(1 - \frac{s_1}{l}\Big),$$

$$Q(s_2) = 0 \quad ; \quad M(s_2) = 0 \quad ; \quad w'(s_2) = 0 \quad ; \quad w(s_2) = 0.$$

Damit sind natürlich auch alle Stützgrößen und Gelenkkräfte (wie erwartet) Null.

Aufgabe 10.8: Das linke Auflager des Trägers wird um einen Wert w_o angehoben (Abb. 10.8). Ermitteln Sie die elastische Linie und die Stützgrößen.

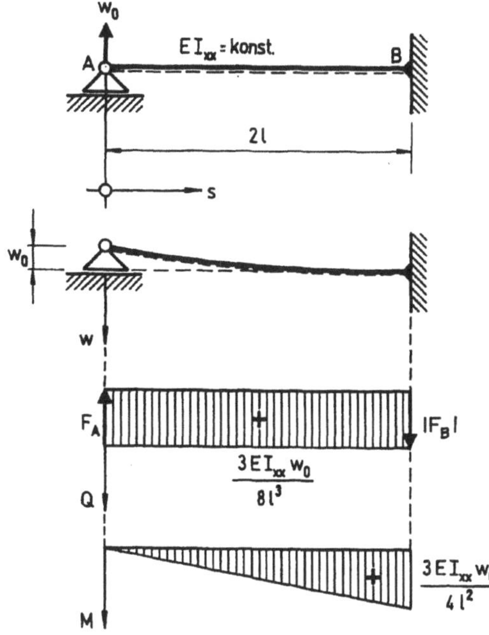

Abbildung 10.8: Statisch unbestimmter Träger

Dieses Tragwerk ist mit $a = 4$, $g = 0$ und $n = 1$ wegen $4 + 2 \cdot 0 - 3 \cdot 1 = 1$ 1-fach statisch unbestimmt.

Als *Randbedingungen* sind in die entsprechenden Gleichungen der Aufgabe 10.6 einzusetzen

$$w(s = 0) = -w_o ,$$

$$M(s = 0) = 0 ,$$

$$w(s = 2l) = 0 ,$$

$$w'(s = 2l) = 0 .$$

Die Integrationskonstanten finden wir dann zu

$$c_4 = -EI_{xx}w_o \quad ; \quad c_2 = 0 ,$$

$$c_1 = -\frac{3EI_{xx}w_o}{8l^3} \quad ; \quad c_3 = \frac{3EI_{xx}w_o}{4l}$$

und damit die Funktionen der Schnittgrößen, Tangentenneigung und Verschiebung

$$Q(s) = \frac{3EI_{xx}w_o}{8l^3} \quad ; \quad M(s) = \frac{3EI_{xx}w_o}{8l^2}\frac{s}{l} ,$$

$$w'(s) = \frac{3w_o}{16l}\left(4 - \frac{s^2}{l^2}\right) \quad ; \quad w(s) = -\frac{w_o}{16}\left(16 - 12\frac{s}{l} + \frac{s^3}{l^3}\right) .$$

Ihr Verlauf ist in Abb. 10.8 dargestellt. Das größte Moment ist das Einspannmoment

$$M_{\max} = M(s = 2l) = \frac{3EI_{xx}w_o}{4l^2} ,$$

und die Stützkräfte haben die Größe

$$F_A = Q(s = 0) = \frac{3EI_{xx}w_o}{8l^3} \quad \text{und} \quad F_B = -Q(s = 2l) = -\frac{3EI_{xx}w_o}{8l^3} .$$

Mit Hilfe der elastischen Linie (DGL 4. Ordnung) können also auch Stützgrößen statisch unbestimmter Tragwerke berechnet werden.

11 Torsion

Da in diesem Buch nur leichte bis mittelschwere Klausuraufgaben besprochen werden sollen, genügt es, sich auf die *Torsion gerader Stäbe mit Kreis-* bzw. *Kreisquerschnitt* zu beschränken. Die erforderlichen Formeln lauten

$$
\tau(r,z) = \frac{M_t(z)}{I_p}\, r \quad ; \quad \tau_{\max} = \frac{|M_{t,\max}|}{I_p}\, R = \frac{|M_{t,\max}|}{W_t} \quad ; \quad W_t = \frac{I_p}{R} \quad ; \quad \varphi = \frac{M_t l}{G I_p}\,.
$$

Aufgabe 11.1: Eine kreiszylindrische Welle (Durchmesser D) wird durch ein Torsionsmoment M_t tordiert. Berechnen Sie die Verhältnisse der Volumina, maximaler Schubspannungen und Verdrehungswinkel zwischen Vollwelle und einer mit einer Bohrung (Durchmesser d) versehenen Hohlwelle (Abb. 11.1). Gegeben: $D = 60\,\text{mm}$, $d = 30\,\text{mm}$.

Mit den Volumina V_1, V_2 und den *polaren Flächenmomenten 2. Grades* I_{p1} und I_{p2} entsprechend

$$
V_1 = \pi R^2 l \quad ; \quad V_2 = \pi(R^2 - r^2)l,
$$

$$
I_{p1} = \frac{\pi}{2} R^4 \quad ; \quad I_{p2} = \frac{\pi}{2}(R^4 - r^4)
$$

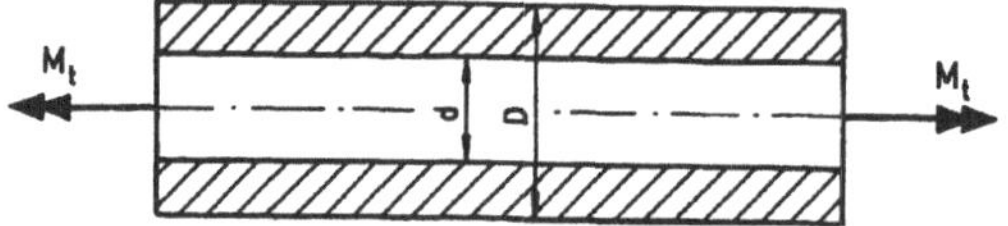

Abbildung 11.1: Welle und Hohlwelle

sind die Verhältnisse der Volumina und Verdrehungswinkel

$$
\frac{V_2}{V_1} = \frac{R^2 - r^2}{R^2} = 1 - \frac{d^2}{D^2} = 0,75 \quad ; \quad \frac{\varphi_2}{\varphi_1} = \frac{I_{p1}}{I_{p2}} = \frac{1}{1 - \dfrac{d^4}{D^4}} = 1,067\,.
$$

Das gesuchte Verhältnis der maximalen Schubspannungen ist ebenfalls

$$
\frac{\tau_{2,\max}}{\tau_{1,\max}} = \frac{I_{p1}}{I_{p2}} = \frac{1}{1 - \dfrac{d^4}{D^4}} = 1,067\,.
$$

Aufgabe 11.2: Ein einseitig eingespannter kreiszylindrischer Stab (Abb. 11.2) ist durch zwei Torsionsmomente M_{t1} und M_{t2} belastet. Es sind die maximalen Schubspannungen in den Teilabschnitten 1 und 2 des Stabes und die absoluten Verdrehungen der Scheiben zu ermitteln. Gegeben: $M_{t1} = 190,0\,\text{Nm}$, $M_{t2} = 310,0\,\text{Nm}$,
$l_1 = 430,0\,\text{mm}$, $l_2 = 470,0\,\text{mm}$,
$r = 12,0\,\text{mm}$, $G = 8 \cdot 10^4\,\text{N/mm}^2$.

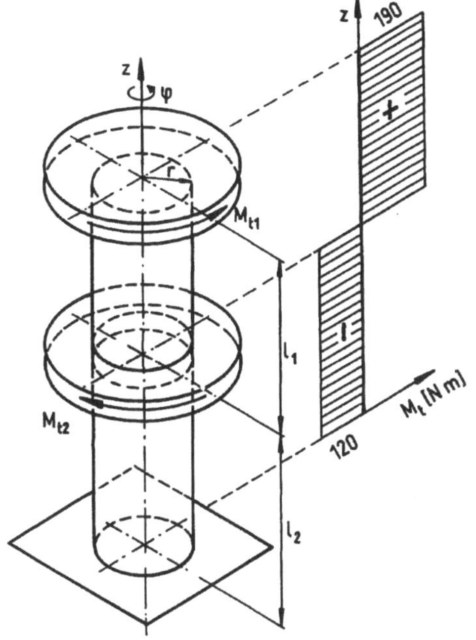

Abbildung 11.2: Torsionswelle

Die Größe des *Torsionsschnittmomentes* entlang der Wellenachse z bestimmt man analog zur Ermittlung des Biegemomentenverlaufes nach dem „Aufschneiden" an der Stelle z aus der Gleichgewichtsbedingung zwischen dem Torsionsschnittmoment und den äußeren Torsionsmomenten. Der Verlauf ist in Abb. 11.2 dargestellt.

Dann folgen für $I_p = \pi r^4/2$ die Schubspannungen in den beiden Abschnitten zu

$$\tau_1 = \frac{|M_{t,\max}|}{I_p}\, r = \frac{2|M_{t,\max}|}{\pi r^3}$$

$$= \frac{2 \cdot 190,0 \cdot 10^2}{\pi \cdot 1,2^3}$$

$$= 7000,0\,\text{N/cm}^2 = 7,0\,\text{kN/cm}^2$$

und

$$\tau_2 = \frac{2(M_{t,1} - M_{t,2})}{\pi r^3} = \frac{2(190,0 - 310,0) \cdot 10^2}{\pi \cdot 1,2^3} = -4421,0\,\text{N/cm}^2 = -4,421\,\text{kN/cm}^2.$$

Die Relativverdrehung der beiden Endquerschnitte im Abschnitt 2 berechnet man mit dem Torsionsschnittmoment $M_{t,1} - M_{t,2}$ zu

$$\varphi_2 = \frac{(M_{t,1} - M_{t,2})l_2}{GI_p} = \frac{2(190,0 - 310,0) \cdot 10^3 \cdot 470,0}{8,0 \cdot 10^4 \cdot \pi\, 12,0^4} = -0,02164$$

und die Relativverdrehung der beiden Endquerschnitte im Abschnitt 1 mit dem Torsionsschnittmoment $M_{t,1}$ zu

$$\varphi_1 = \frac{M_{t,1} l_1}{GI_p} = \frac{2 \cdot 190,0 \cdot 10^3 \cdot 430,0}{8,0 \cdot 10^4 \cdot \pi\, 12,0^4} = 0,03135.$$

Die Absolutverdrehung der oberen Scheibe gegenüber der Einspannung beträgt dann

$$\varphi = \varphi_1 + \varphi_2 = 0,03135 - 0,02164 = 0,00971.$$

(*Anmerkung*: Diese Gesamtverdrehung kann man auch durch die *getrennte* Einwirkung der beiden Torsionsmomente $M_{t,1}$ und $M_{t,2}$ ermitteln. Es ist zu beachten, daß sich eine spannungsfreie Welle als starrer Körper mit geraden Mantellinien verdreht.)

12 Formänderungen

12.1 Verfahren von Castigliano

Falls in einer Aufgabe nicht die elastische Linie (Biegelinie) in einem vorgeschriebenen Bereich eines Tragwerkes gefordert wird, sondern nur die Verschiebung oder Verdrehung an einer bestimmten Stelle gesucht sind, läßt sich dieses Problem leichter mit dem *1. Satz von* CASTIGLIANO lösen. Mit der bei Gültigkeit des HOOKEschen Gesetzes zu formulierenden *Formänderungsarbeit* W lauten die benötigten Gleichungen

$$\frac{\partial W}{\partial F_l} = w_l = \sum_{i=1}^{p} \int_{(l_i)} \frac{M_i}{EI_{xxi}} \frac{\partial M_i}{\partial F_l} \, dz_i \quad ; \quad \frac{\partial W}{\partial M_l} = \varphi_l = \sum_{i=1}^{p} \int_{(l_i)} \frac{M_i}{EI_{xxi}} \frac{\partial M_i}{\partial M_l} \, dz_i \, .$$

Aufgabe 12.1: Für den in Aufgabe 10.5 berechneten Träger sind die Verschiebung an der Stelle $s = 5\,l$ und die Tangentenneigung der Biegelinie an der Stelle $s = 0$ zu bestimmen.

Die Funktion des Biegemomentes im Bereich $0 \leqq s \leqq 8\,l$ ist aus Aufgabe 10.5 bekannt:

$$M(s) = 1,5\left(6 - \frac{s}{l}\right) Fl \, .$$

Da an der für die Verschiebung vorgeschriebenen Stelle keine gegebene Kraft wirkt, muß eine zusätzliche *Hilfskraft* F_H angenommen und für diese die Momentenfunktion $M(s)$ bestimmt werden. Mit den Stützkräften $F_{AV} = \frac{3}{8} F_H$; $F_B = \frac{5}{8} F_H$ erhält man die leicht zu überprüfenden Momentenfunktionen (Abb. 12.1.1) im

$$Bereich \quad 0 \leqq s \leqq 5\,l \quad : \quad M_1(s) \;=\; 1,5\left(6 - \frac{s}{l}\right) Fl + \frac{3}{8}\frac{s}{l} F_H l \, ,$$

$$Bereich \quad 5\,l \leqq s \leqq 8\,l \quad : \quad M_2(s) \;=\; 1,5\left(6 - \frac{s}{l}\right) Fl + 5\left(1 - \frac{1}{8}\frac{s}{l}\right) F_H l \, .$$

Für den Satz von CASTIGLIANO benötigen wir die partiellen Ableitungen der Momentenfunktionen nach der Kraft F_H

$$0 \leqq s \leqq 5\,l : \quad \frac{\partial M_1}{\partial F_H} = \frac{3}{8}\frac{s}{l} l \quad ; \quad 5\,l \leqq s \leqq 8\,l : \quad \frac{\partial M_2}{\partial F_H} = 5\left(1 - \frac{1}{8}\frac{s}{l}\right) l \, .$$

Diese partiellen Ableitungen werden zusammen mit den Momentenfunktionen in die Integrale eingesetzt (wobei die Hilfskraft F_H wieder gestrichen wird) und die etwas langwierigen, aber leichten Integrationen ausgeführt:

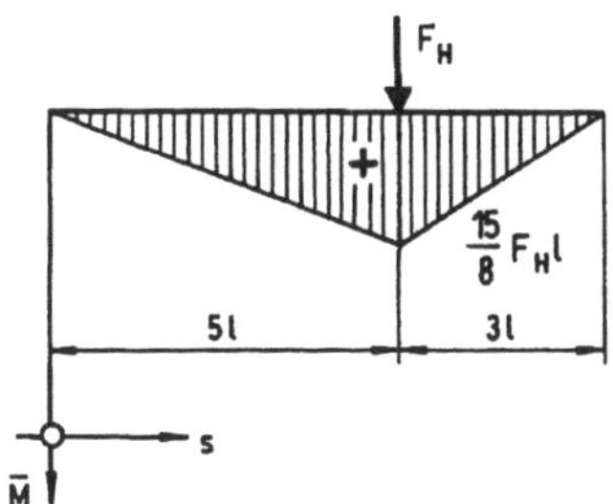
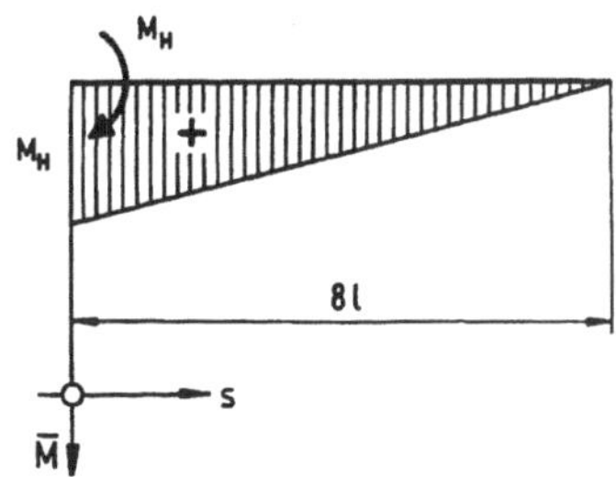

Abbildung 12.1.1: Momentenlinie (F_H) Abbildung 12.1.2: Momentenlinie (M_H)

$$w = \frac{1}{EI_{xx}}\Big[\int_0^{5l} 1,5\big(6 - \tfrac{s}{l}\big)\,Fl \cdot \tfrac{3}{8}s\,\mathrm{d}s + \int_{5l}^{8l} 1,5\big(6 - \tfrac{s}{l}\big)\,Fl \cdot 5\big(1 - \tfrac{1}{8}\tfrac{s}{l}\big)\,l\,\mathrm{d}s\Big].$$

Das Ergebnis lautet

$$w = 18,75\,\frac{Fl^3}{EI_{xx}}$$

und stimmt mit dem Funktionswert $w(s = 5l)$ aus der Aufgabe 10.5 überein.

Zur Ermittlung der Tangentenneigung am linken Auflager setzen wir ein *Hilfsmoment* M_H in Richtung der geschätzten Verdrehung an und erhalten als Momentenfunktion (Abb. 12.1.2) und deren partiellen Ableitung nach dem Moment M_H im gesamten Bereich $0 \overset{\leq}{=} s \overset{\leq}{=} 8\,l$:

$$M(s) = 1,5\big(6 - \tfrac{s}{l}\big)\,Fl + \big(1 - \tfrac{1}{8}\tfrac{s}{l}\big)\,M_H \quad ; \quad \frac{\partial M}{\partial M_H} = 1 - \frac{1}{8}\frac{s}{l}.$$

Die Integration liefert die gesuchte Tangentenneigung

$$\varphi = \frac{1}{EI_{xx}}\int_0^{8l} 1,5\big(6 - \tfrac{s}{l}\big)\,Fl \cdot \big(1 - \tfrac{1}{8}\tfrac{s}{l}\big)\,\mathrm{d}s = \frac{20\,Fl^2}{EI_{xx}}.$$

Dieser Wert ist natürlich gleich der Verdrehung $w'(s = 0)$ aus der Aufgabe 10.5.

12.2   Verfahren von Mohr/Müller-Breslau

Eine wesentliche Erleichterung bei der Lösung derartiger Aufgaben bietet das Verfahren von OTTO MOHR mit den Integralwerten von HEINRICH MÜLLER-BRESLAU. Will man nach diesem Verfahren eine Verschiebung bzw. eine Tangentenneigung an einer vorgeschriebenen Stelle berechnen, dann muß man an dieser Stelle und in der gesuchten Richtung eine *Hilfskraft* F_H bzw. ein *Hilfsmoment* M_H angreifen lassen und für diese Belastung die Momentenlinie aufzeichnen. Ist der Trägerquerschnitt in jedem Integrationsintervall $0 \leqq z \leqq l$ konstant, also auch $EI_{xx} = $ konst., dann gilt

$$F_H \cdot w = \frac{1}{EI_{xx}} \int_0^l M(z)\overline{M}(z)\,\mathrm{d}z \quad \text{bzw.} \quad M_H \cdot \varphi = \frac{1}{EI_{xx}} \int_0^l M(z)\overline{M}(z)\,\mathrm{d}z,$$

wobei es gleichgültig ist, ob $M(z)$ die Momentenlinie der gegebenen Belastung und $\overline{M}(z)$ die Momentenlinie der Hilfsbelastung ist oder umgekehrt. Für die am meisten auftretenden Momentenlinien-Kombinationen hat HEINRICH MÜLLER-BRESLAU die Werte der Integrale bestimmt und in Tafeln zusammengestellt (Tafel 2).

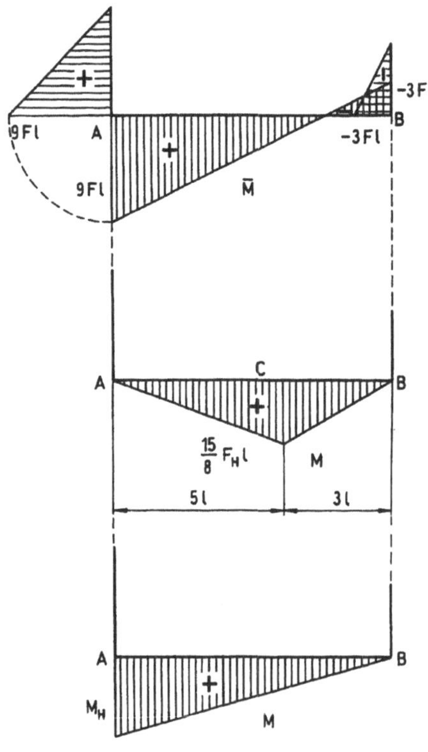

Abbildung 12.1.3: Schaubilder $\overline{M}$, M

Nehmen wir die Aufgabe 12.1 als Beispiel, so muß der Momentenverlauf der gegebenen Belastung (der in diesem Falle mit $\overline{M}$ gekennzeichnet wird) mit dem Momentenverlauf M der Hilfskraft F_H bzw. des Hilfsmomentes M_H „überlagert" und stückweise ausgewertet werden.

Zunächst betrachtet man die Momentenlinien für die gesuchte Verschiebung (Abb. 12.1.3 oberes und mittleres Bild): Der Integralwert der „Überlagerung" eines Trapezes mit einem Dreieck beträgt (Nr. 19)

$$\int_0^l M(z)\overline{M}(z)\,\mathrm{d}z$$

$$= \frac{1}{6}[\overline{M}_A(1+\xi') + \overline{M}_B(1+\xi)]M_C l.$$

Hierin sind einzusetzen

$$\overline{M}_A = 9\,Fl \quad ; \quad \overline{M}_B = -3\,Fl,$$

$$M_C = \frac{15}{8} F_H l \; ; \quad \xi' = \frac{3}{8} \; ; \; \xi = \frac{5}{8}.$$

Bei der Anwendung dieses Verfahrens ist zu beachten, daß in Bereichen, in denen eine der beiden Momentenfunktionen Null ist, kein Anteil zu dem Integral geliefert wird.

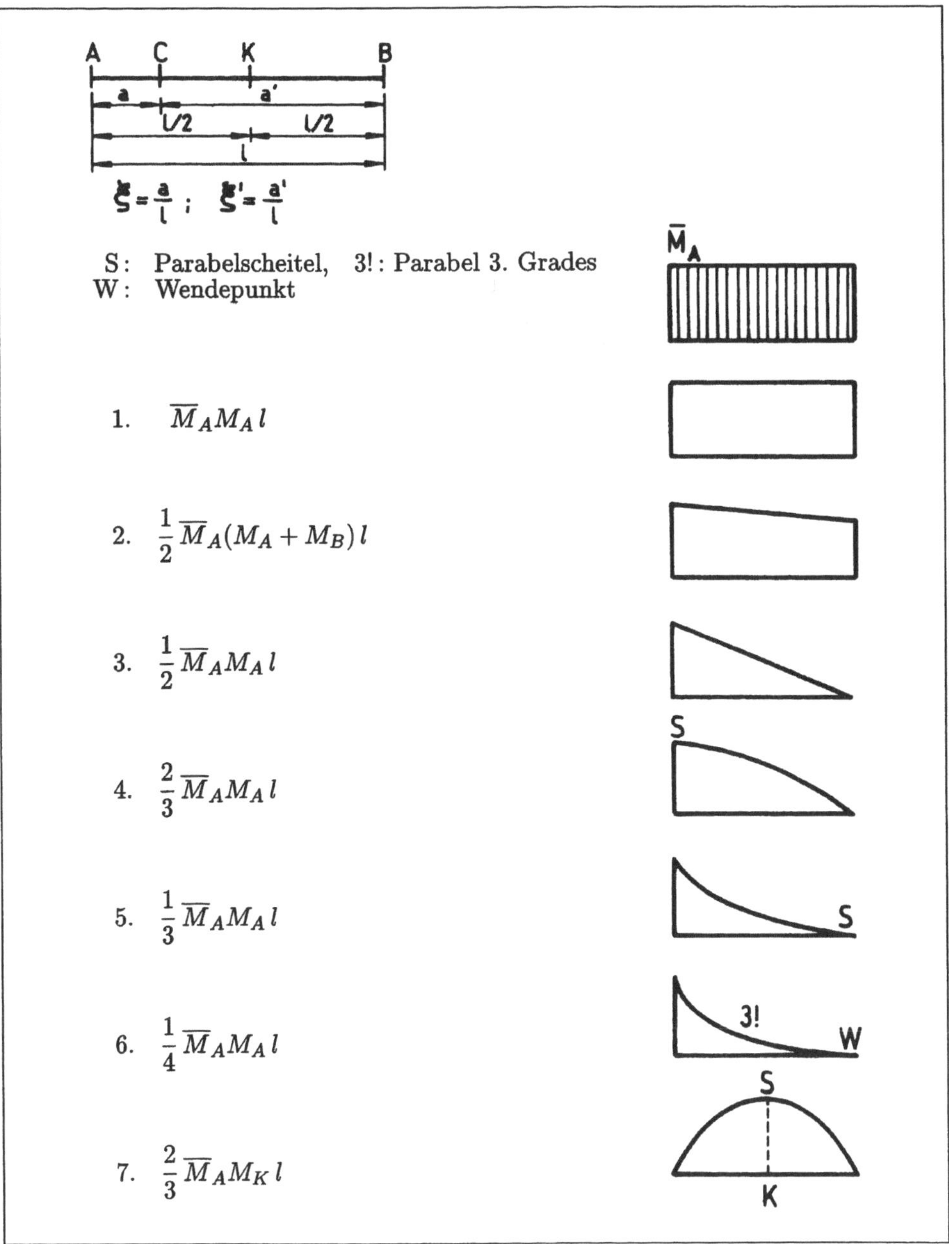

Tafel 2: Werte der Integrale $\int M(z)\overline{M}(z)\,\mathrm{d}z$

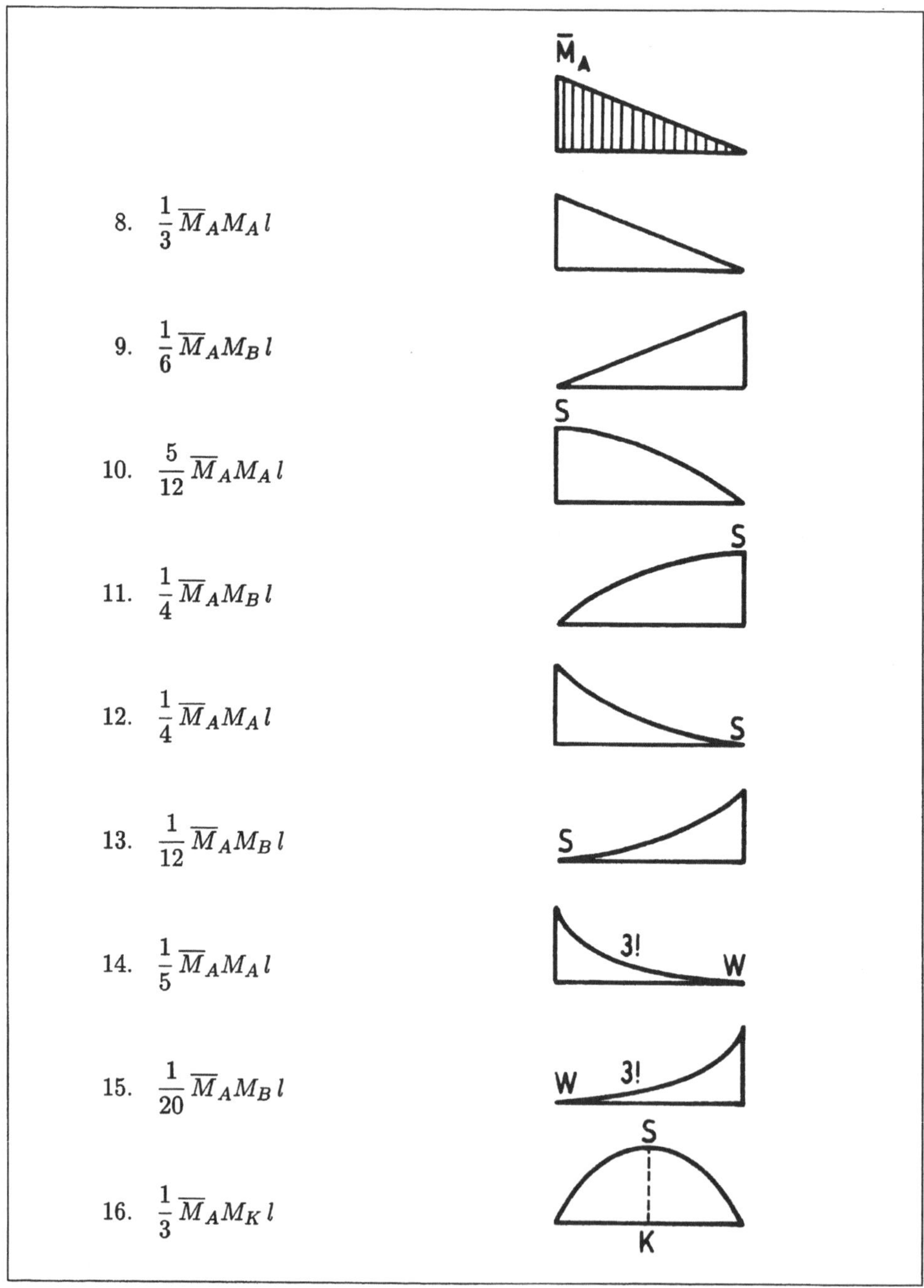

8. $\dfrac{1}{3}\,\overline{M}_A M_A\, l$

9. $\dfrac{1}{6}\,\overline{M}_A M_B\, l$

10. $\dfrac{5}{12}\,\overline{M}_A M_A\, l$

11. $\dfrac{1}{4}\,\overline{M}_A M_B\, l$

12. $\dfrac{1}{4}\,\overline{M}_A M_A\, l$

13. $\dfrac{1}{12}\,\overline{M}_A M_B\, l$

14. $\dfrac{1}{5}\,\overline{M}_A M_A\, l$

15. $\dfrac{1}{20}\,\overline{M}_A M_B\, l$

16. $\dfrac{1}{3}\,\overline{M}_A M_K\, l$

Tafel 2: Werte der Integrale $\int M(z)\overline{M}(z)\,\mathrm{d}z$ (Fortsetzung)

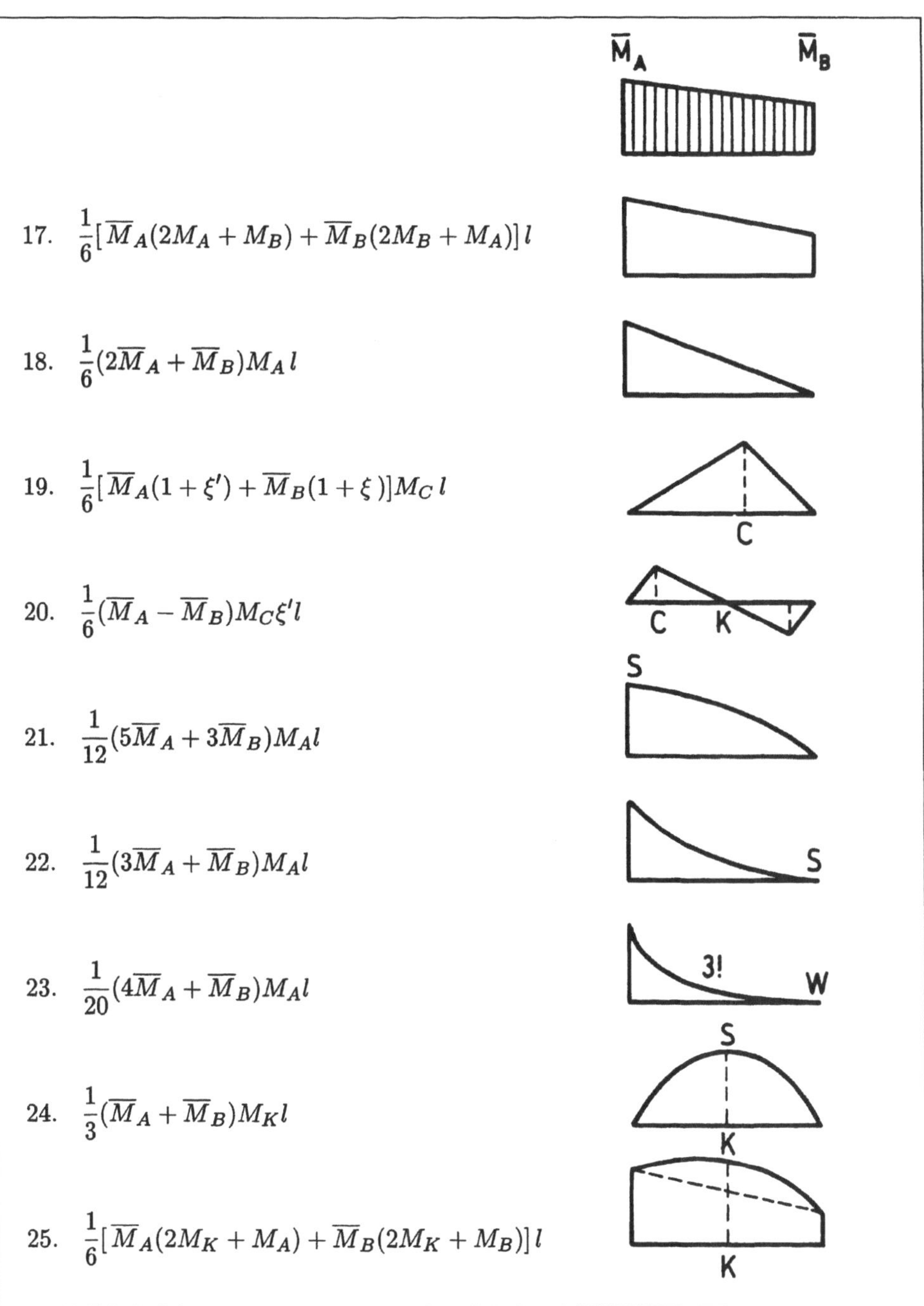

17. $\dfrac{1}{6}[\overline{M}_A(2M_A + M_B) + \overline{M}_B(2M_B + M_A)]\,l$

18. $\dfrac{1}{6}(2\overline{M}_A + \overline{M}_B)M_A\,l$

19. $\dfrac{1}{6}[\overline{M}_A(1 + \xi') + \overline{M}_B(1 + \xi)]M_C\,l$

20. $\dfrac{1}{6}(\overline{M}_A - \overline{M}_B)M_C\xi'\,l$

21. $\dfrac{1}{12}(5\overline{M}_A + 3\overline{M}_B)M_A\,l$

22. $\dfrac{1}{12}(3\overline{M}_A + \overline{M}_B)M_A\,l$

23. $\dfrac{1}{20}(4\overline{M}_A + \overline{M}_B)M_A\,l$

24. $\dfrac{1}{3}(\overline{M}_A + \overline{M}_B)M_K\,l$

25. $\dfrac{1}{6}[\overline{M}_A(2M_K + M_A) + \overline{M}_B(2M_K + M_B)]\,l$

Tafel 2: Werte der Integrale $\int M(z)\overline{M}(z)\,\mathrm{d}z$ (Fortsetzung)

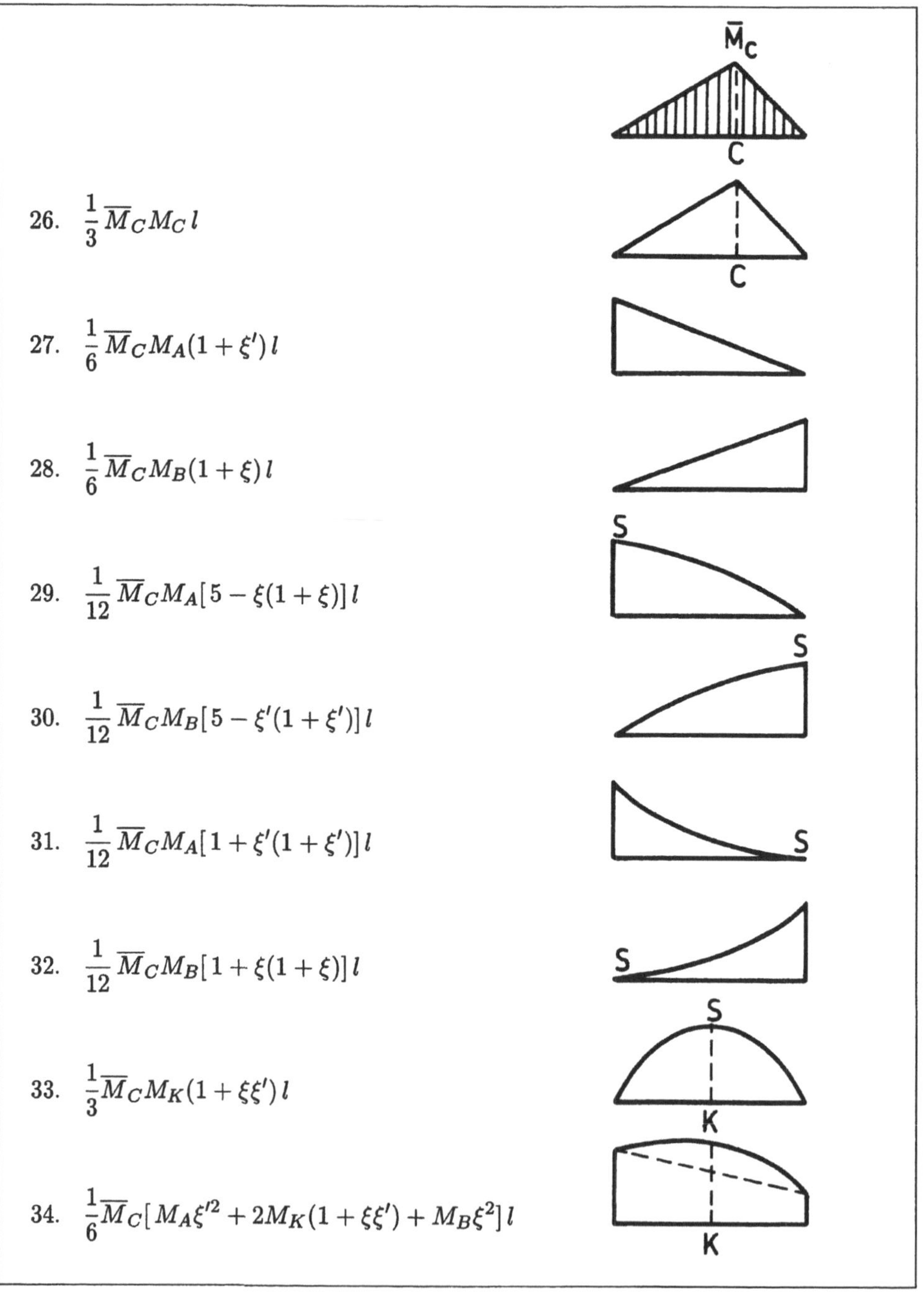

26. $\frac{1}{3}\overline{M}_C M_C\, l$

27. $\frac{1}{6}\overline{M}_C M_A(1+\xi')\, l$

28. $\frac{1}{6}\overline{M}_C M_B(1+\xi)\, l$

29. $\frac{1}{12}\overline{M}_C M_A[\,5-\xi(1+\xi)\,]\, l$

30. $\frac{1}{12}\overline{M}_C M_B[\,5-\xi'(1+\xi')\,]\, l$

31. $\frac{1}{12}\overline{M}_C M_A[\,1+\xi'(1+\xi')\,]\, l$

32. $\frac{1}{12}\overline{M}_C M_B[\,1+\xi(1+\xi)\,]\, l$

33. $\frac{1}{3}\overline{M}_C M_K(1+\xi\xi')\, l$

34. $\frac{1}{6}\overline{M}_C[\,M_A\xi'^2+2M_K(1+\xi\xi')+M_B\xi^2\,]\, l$

Tafel 2: Werte der Integrale $\int M(z)\overline{M}(z)\,\mathrm{d}z$ (Fortsetzung)

Man erhält für die Verschiebung (für l ist $8l$ einzusetzen)

$$w = \frac{1}{6\,F_H EI_{xx}}\Big[9\,Fl\big(1+\tfrac{3}{8}\big) + (-3\,Fl)\big(1+\tfrac{5}{8}\big)\Big]\frac{15}{8}\,F_H l\,8l = 18,75\,\frac{Fl^3}{EI_{xx}}\,,$$

die erwartungsgemäß mit dem Wert $w(s=8l)$ der Aufgabe 10.5 übereinstimmt.

Die Berechnung der Tangentenneigung erfolgt ebenso einfach. Hier ist die Momentenlinie $\overline{M}$ der gegebenen Belastung mit der dreieckförmigen Momentenlinie M des Hilfsmomentes M_H zu „überlagern" (Abb. 12.1.3 oberes und unteres Bild). Die allgemeine Formel für diese Kombination lautet (Nr. 18)

$$\int\limits_0^l M(z)\overline{M}(z)\,\mathrm{d}z = \frac{1}{6}(2\overline{M}_A + \overline{M}_B)M_A l\,.$$

Mit $\overline{M}_A = 9\,Fl$, $\overline{M}_B = -3\,Fl$, $M_A = M_H$ und $l \to 8l$ ermitteln wir

$$\varphi = \frac{1}{6\,M_H EI_{xx}}[2\cdot 9\,Fl + (-3\,Fl)]M_H 8l = \frac{20\,Fl^2}{EI_{xx}}\,.$$

Dieses Resultat stimmt ebenfalls mit dem nach CASTIGLIANO berechneten und dem Wert $w'(s=0)$ der Aufgabe 10.5 überein.

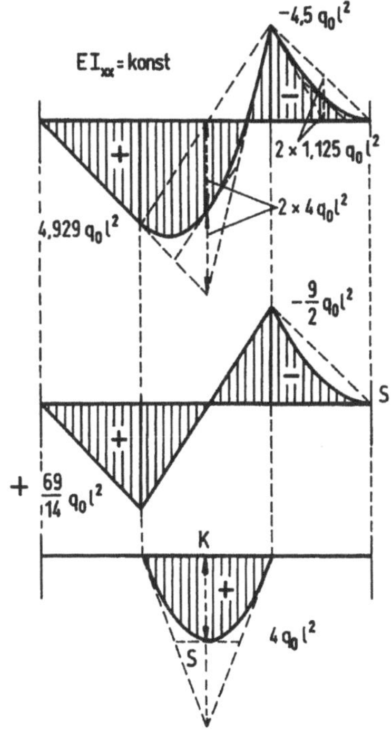

Abbildung 12.2.1: Zerlegung von M

Aufgabe 12.2: Für den Kragarm des Trägers aus Aufgabe 6.3 ist die maximale senkrechte Verschiebung gesucht.

Die größte Verschiebung des Kragarmes tritt natürlich an seinem rechten Endpunkt auf, und so muß man die Hilfskraft F_H auch an dieser Stelle senkrecht nach unten (der gesuchten Verschiebungsrichtung) angreifen lassen.

Die Momentenlinie aus der vorgeschriebenen Belastung ist in Abbildung 6.3.2 gezeichnet, und die Hilfskraft F_H liefert die in Abb. 12.2.2 dargestellte dreieckförmige Momentenlinie.

Da im Bereich $0 \leqq z \leqq 4l$ die direkte „Überlagerung" der Momentenlinien aus der gegebenen Belastung und der Hilfskraft etwas kompliziert ist und auch leicht zu Rechenfehlern führen kann, zerlegt man den quadratischen Verlauf im Bereich $0 \overset{<}{=} z \overset{<}{=} 4l$ in ein Trapez mit den Werten

$$M_A = \frac{69}{14}q_ol^2 \; ; \; M_B = -\frac{9}{2}q_ol^2 \; ; \; l \to 4l$$

und eine symmetrische Parabel mit den Werten

$$M_K = 4q_ol^2 \; ; \; l \to 4l \,.$$

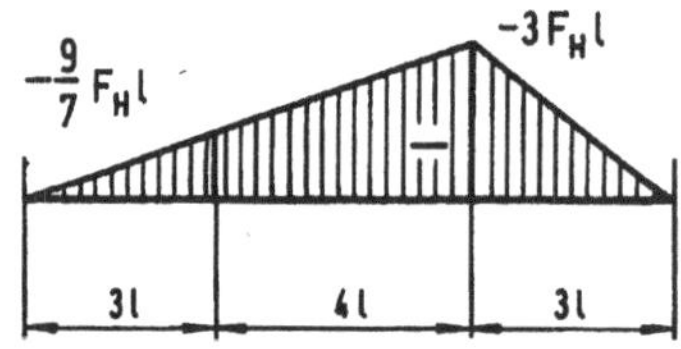

Abbildung 12.2.2: Schaubild $\overline{M}$

Beide Anteile werden mit dem im Bereich $0 \overset{<}{=} z \overset{<}{=} 4l$ vorliegenden Trapez aus der Belastung mit F_H „überlagert".

Für die Auswertung der Integrale benötigt man also folgende aus der Tafel 2 zu entnehmende Kombinationen:

Dreieck-Dreieck (Nr. 8) : $\displaystyle\int_0^l M(z)\overline{M}(z)\,\mathrm{d}z = \frac{1}{3}\overline{M}_A M_A l$ (gleichliegende Spitzen),

Trapez-Trapez (Nr. 17) : $\displaystyle\int_0^l M(z)\overline{M}(z)\,\mathrm{d}z = \frac{1}{6}[\overline{M}_A(2M_A + M_B) + \overline{M}_B(2M_B + M_A)]l$,

Trapez-Parabel (Nr. 24) : $\displaystyle\int_0^l M(z)\overline{M}(z)\,\mathrm{d}z = \frac{1}{3}(\overline{M}_A + \overline{M}_B)M_K l$,

Dreieck-Parabel (Nr. 12): $\displaystyle\int_0^l M(z)\overline{M}(z)\,\mathrm{d}z = \frac{1}{4}\overline{M}_A M_A l \,.$

Mit den aus den Abbildungen 12.2.1 und 12.2.2 zu entnehmenden Momentenwerten und Längen folgt die Durchbiegung zu

$$w = \frac{1}{F_H E I_{xx}} \left\{ \frac{1}{3}\left(-\frac{9}{7}F_H l\right)\frac{69}{14}q_ol^2 3l + \frac{1}{6}\left[\left(-\frac{9}{7}F_H l\right)\left(2\frac{69}{14}q_ol^2 + \left(-\frac{9}{2}q_ol^2\right)\right)+ \right.\right.$$

$$+ (-3F_H l)\left(2\left(-\frac{9}{2}q_ol^2\right) + \frac{69}{14}q_ol^2\right)\Big]4l + \frac{1}{3}\left[\left(-\frac{9}{7}F_H l\right) + (-3F_H l)\right]4q_ol^2 4l +$$

$$+ \frac{1}{4}(-3F_H l)\left(-\frac{9}{2}q_ol^2\right)3l \Big\} = -15,518\frac{q_ol^4}{EI_{xx}} \,.$$

13 Festigkeitshypothesen

Aufgabe 13.1: Ein einseitig eingespanntes Rohr von der Länge l wird durch eine an einem starren Hebelarm (Länge a) angreifende Kraft belastet (Abb. 13.1). Welche Rohrdicke $h \ll r$ muß mindestens gewählt werden, wenn die Vergleichsspannungen nach der Festigkeitshypothese von COULOMB/MOHR bzw. HUBER/HENCKY/V.MISES die zulässige Spannung σ_{zul} nicht überschreiten darf?
Gegeben: $F = 1000,0\,\text{N}$, $l = 1,0\,\text{m}$, $a = 0,8\,\text{m}$, $d = 5,0\,\text{cm}$,
  $\sigma_{\text{zul}} = 200,0\,\text{N/mm}^2 = 200,0\,\text{MPa}$.

Die Berechnung von *Vergleichsspannungen* erfolgt nach den Formeln

$$\text{COULOMB/MOHR}: \qquad \sigma_{VS} = \sqrt{\sigma^2 + 4\,\tau^2}\,,$$

$$\text{HUBER/HENCKY/V. MISES}: \quad \sigma_{VG} = \sqrt{\sigma^2 + 3\,\tau^2}\,.$$

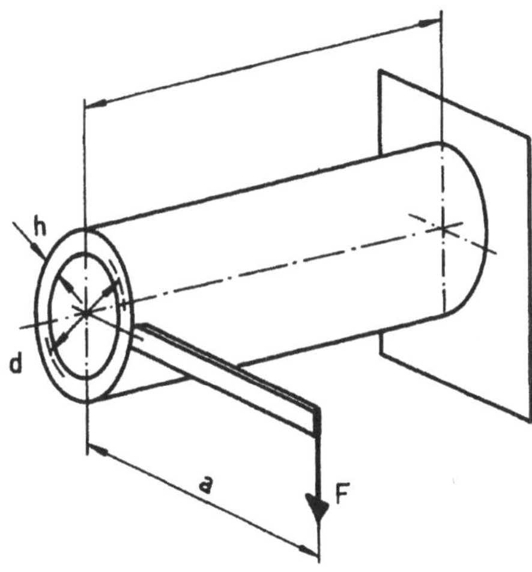

Abbildung 13.1: Eingespanntes Rohr

Die größten Biegespannungen treten an der Einspannung auf, so daß dieser Querschnitt einer Spannungsanalyse unterzogen wird. Die Schnittgrößen betragen

$$M_{\text{max}} = Fl \quad ; \quad M_t = Fa\,.$$

Weiterhin benötigt man die Flächenmomente 2. Grades, bei denen man den Quotienten h/r wegen der Annahme $h \ll r$ gegenüber 1 vernachlässigen darf. Man erhält wegen $I_p = I_{xx} + I_{yy}$ das axiale und das polare Flächenmoment 2. Grades

$$I_{xx} = \frac{\pi}{4}\Big[\big(r + \frac{h}{2}\big)^4 - \big(r - \frac{h}{2}\big)^4\Big] = \pi h r^3 \big(1 + \frac{1}{4}\frac{h^2}{r^2}\big) = \pi h r^3 \quad ; \quad I_p = 2\pi h r^3 .$$

Damit kann man die Spannungen an der Einspannstelle berechnen. Sie haben die Größe

$$\sigma = \frac{M_{\text{max}}}{I_{xx}}r = \frac{Fl}{\pi h r^2} \quad ; \quad \tau = \frac{M_t}{I_p}r = \frac{Fa}{2\pi h r^2}\,.$$

Aus der Vergleichsspannung nach COULOMB/MOHR

$$\sigma_{VS} = \sqrt{\sigma^2 + 4\,\tau^2} = \sqrt{\left(\frac{Fl}{\pi hr^2}\right)^2 + 4\left(\frac{Fa}{2\pi hr^2}\right)^2} = \frac{F}{\pi hr^2}\sqrt{l^2 + a^2} \leqq \sigma_{\text{zul}}$$

folgt für die Rohrwandstärke

$$h \geqq \frac{F}{\pi r^2 \sigma_{\text{zul}}}\sqrt{l^2 + a^2} = \frac{1000,0}{\pi \cdot 25,0^2 \cdot 200,0}\sqrt{100,0^2 + 80,0^2} = 0,33\,\text{cm}\,.$$

Nach HUBER/HENCKY/V. MISES wird

$$\sigma_{VG} = \sqrt{\sigma^2 + 3\,\tau^2} = \frac{F}{\pi hr^2}\sqrt{l^2 + \frac{3}{4}a^2} \leqq \sigma_{\text{zul}}$$

und daraus

$$h \geqq \frac{F}{\pi r^2 \sigma_{\text{zul}}}\sqrt{l^2 + \frac{3}{4}a^2} = \frac{1000,0}{\pi \cdot 25,0^2 \cdot 200,0}\sqrt{100,0^2 + \frac{3}{4}\cdot 80,0^2} = 0,31\,\text{cm}\,.$$

Für die sichere Bemessung dieses Bauteiles ist also die nach COULOMB/MOHR ermittelte Wandstärke maßgebend.

14   Knicken

Aufgabe 14.1:   Ein Knickstab ist beidseitig um die x−Achse gelenkig und um die y−Achse eingespannt gelagert (Abb. 14.1.1) und durch eine Druckkraft F beansprucht. Sein Querschnitt ist ein Rundstahl, dessen Durchmesser d bei einer 5fachen Sicherheit gesucht ist. Wie muß dieser Rundstahl bezüglich der x, y−Achsenlage durch einen Rechteckquerschnitt ersetzt werden, wenn dessen Flächeninhalt nicht größer als der des Rundstahls sein darf?
Gegeben: $F = 1,0\,\text{kN}$, $l = 1,0\,\text{m}$, $S_K = 5$, $E = 2,0\cdot 10^5\,\text{N/mm}^2$, $\lambda_P = 100$.

Bei Knickaufgaben muß man zwischen dem „*Knicken nach* EULER" und dem „*Knicken nach* TETMAJER" unterscheiden. Das Unterscheidungskriterium ist der *Schlankheitsgrad* λ. Während bei gegebenen Trägerquerschnitt und Stablänge die Ermittlung der *zulässigen Knickkraft* im allgemeinen keine Schwierigkeiten bereitet, ist eine *Bemessung* mitunter nur nach einer ersten Schätzung nach der EULERschen Formel möglich. Mit der *Knicklänge* l_K und dem *Knicksicherheitsbeiwert* S_K stehen folgende Beziehungen für die Berechnung der zulässigen Knickkraft zur Verfügung:

$$\text{\textit{Trägheitsradius}:} \qquad i_{\min} = \sqrt{\frac{I_{\min}}{A}},$$

$$\text{\textit{Schlankheitsgrad}:} \qquad \lambda = \frac{l_K}{i_{\min}},$$

$$\text{EULER}\quad (\lambda \gtreqqless \lambda_P): \qquad \sigma_{K,\text{zul}} = \frac{1}{S_K}\sigma_K(\lambda) = \frac{1}{S_K}\frac{\pi^2 E}{\lambda^2} = \frac{\pi^2 E I_{\min}}{A\, l_K^2 S_K},$$

$$F_{K,\text{zul}} = \frac{\pi^2 E I_{\min}}{l_K^2 S_K},$$

$$\text{TETMAJER}\quad (\lambda_F \lesseqqgtr \lambda \lesseqqgtr \lambda_P): \qquad \sigma_{K,\text{zul}} = \frac{1}{S_K}\sigma_K(\lambda) = \frac{1}{S_K}[|\sigma_F| - \sigma_T(\lambda - \lambda_F)],$$

$$F_{K,\text{zul}} = \frac{1}{S_K}[|\sigma_F| - \sigma_T(\lambda - \lambda_F)]A.$$

Zuerst untersuchen wir das Knicken für den Rundstab. Da der Kreisquerschnitt bezüglich jeder Achse durch den Schwerpunkt das gleiche Flächenmoment 2. Grades besitzt, ist für die kritische Knickkraft das Knicken mit der größten Knicklänge l_K maßgebend. Das ist in der vorliegenden Aufgabe für das Knicken um die $x-$Achse der Fall.

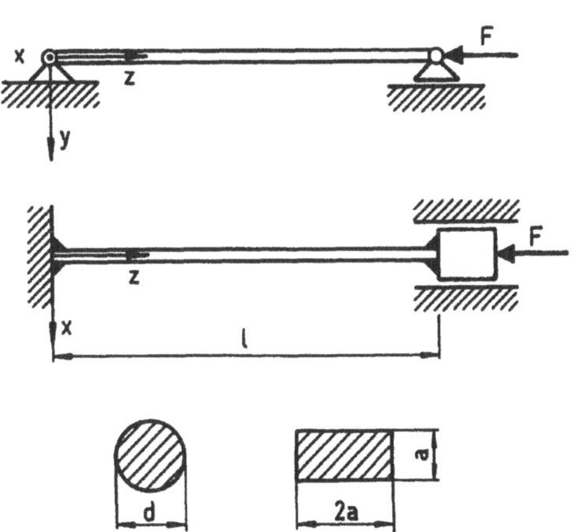

Abbildung 14.1.1: Knickstab

Die zulässige Knickkraft beträgt

$$F_{K,\text{zul}} = \frac{\pi^2 E I_{\min}}{l_K^2 S_K},$$

und mit dem Flächenmoment 2. Grades

$$I_{xx} = I_{yy} = I_{\min} = \frac{\pi r^4}{4} = \frac{\pi d^4}{64}$$

und der Knicklänge $l_K = l$ ergibt sich der erforderliche Durchmesser

$$\frac{\pi^3 E d^4}{64\, l^2 S_K} \geqq F \;\rightarrow\; d \geqq \sqrt[4]{\frac{64\, l^2 F S_K}{\pi^3 E}}.$$

Mit den vorgeschriebenen Zahlenwerten erhält man

$$d \geq \sqrt[4]{\frac{64 \cdot 1000,0^2 \cdot 1000,0 \cdot 5}{\pi^3 \cdot 2,0 \cdot 10^5}} = 15,1\,\text{mm}\,.$$

Nun muß noch geprüft werden, ob die Anwendung der Knickkraftberechnung nach EULER berechtigt war. Dazu bildet man mit

$$I_{xx} = I_{yy} = I_{\min} = \frac{\pi 15,1^4}{64} = 2552,0\,\text{mm}^4 \;;\; A = \frac{\pi d^2}{4} = \frac{\pi \cdot 15,1^2}{4} = 179,1\,\text{mm}^2$$

den Trägheitsradius und den Schlankheitsgrad

$$i_{\min} = \sqrt{\frac{I_{\min}}{A}} = \sqrt{\frac{2552,0}{179,1}} = 3,8\,\text{mm} \;;\; \lambda = \frac{l_K}{i_{\min}} = \frac{1000,0}{3,8} = 263 > \lambda_P = 100\,.$$

Damit war die Lösung als „EULER-Fall" richtig.

(*Anmerkung*: Selbst wenn der – unwahrscheinliche – Fall auftreten sollte, daß der Stab „um die y−Achse" ausknickt, wäre für die Knicklänge $l_K = l/2$ einzusetzen. Dann gälte aber noch immer $\lambda = 132 > \lambda_P$.)

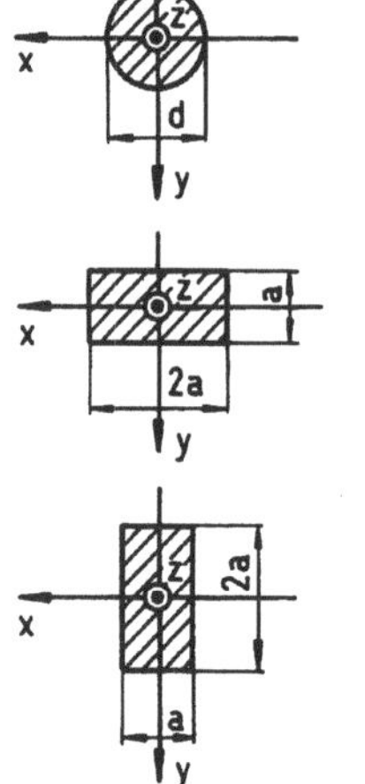

Abbildung 14.1.2:
Querschnittslage

Nun betrachten wir den Stab mit Rechteckquerschnitt und wählen dessen Lage zunächst so (Abb. 14.1.2), daß sich seine lange Seite $2a$ parallel zur x−Achse befindet. Dann gilt für das „Knicken um die x−Achse" ($l_K = l$)

$$I_{xx} = \frac{2a \cdot a^3}{12} = \frac{a^4}{6} \;;\; \frac{\pi^2 E a^4}{6\,l^2 S_K} \geq F$$

$$\rightarrow \quad a \geq \sqrt[4]{\frac{6\,l^2 F S_K}{\pi^2 E}}\,.$$

Die Zahlenwerte liefern

$$a = \sqrt[4]{\frac{6 \cdot 1000,0^2 \cdot 1000,0 \cdot 5}{\pi^2 \cdot 2,0 \cdot 10^5}} = 11,1\,\text{mm}$$

und damit die Größe der Querschnittsfläche

$$A = 2a^2 = 246,4\,\text{mm}^2 > 179,1\,\text{mm}^2\,.$$

Knickt der Stab in dieser Lage „um die y−Achse" (beidseitig eingespannt), dann erhält man mit $l_K = l/2$

$$I_{yy} = \frac{a \cdot (2a)^3}{12} = \frac{2a^4}{3} \;;\; 4\frac{\pi^2 E 2a^4}{3\,l^2 S_K} \geq F \;\rightarrow\; a \geq \sqrt[4]{\frac{3\,l^2 F S_K}{8\pi^2 E}} = 5,55\,\text{mm} < 11,1\,\text{mm}\,.$$

In der zweiten Variante wird der Stab $90°$ so um seine Längsachse gedreht, daß sich die lange Querschnittsseite $2a$ parallel zur y–Achse befindet (Abb. 14.1.2). Es folgen für

das „Knicken um die x–Achse" ($l_K = l$)

$$I_{xx} = \frac{a \cdot (2a)^3}{12} = \frac{2a^4}{3} \quad ; \quad \frac{\pi^2 E 2a^4}{3\,l^2 S_K} \geqq F \quad \rightarrow \quad a \geqq \sqrt[4]{\frac{3\,l^2 F S_K}{2\pi^2 E}}$$

und für das „Knicken um die y–Achse" ($l_K = l/2$)

$$I_{yy} = \frac{2a \cdot a^3}{12} = \frac{a^4}{6} \quad ; \quad 4\frac{\pi^2 E a^4}{6\,l^2 S_K} \geqq F \quad \rightarrow \quad a \geqq \sqrt[4]{\frac{3\,l^2 F S_K}{2\pi^2 E}} \; .$$

Als Zahlenwert ergibt sich

$$a = \sqrt[4]{\frac{3 \cdot 1000,0^2 \cdot 1000,0 \cdot 5}{2 \cdot \pi^2 \cdot 2,0 \cdot 10^5}} = 7,9 \,\text{mm} \quad \rightarrow \quad A = 2a^2 = 124,8 \,\text{mm}^2 \; .$$

Diese Querschnittsfläche ist kleiner als die des Rundstabes. Den kleinsten Schlankheitsgrad berechnet man für das „Knicken um die y–Achse" mit $l_K = l/2$ aus

$$I_{yy} = \frac{a^4}{6} = \frac{7,9^4}{6} = 649,2 \,\text{mm}^4 \; ; \; i = \sqrt{\frac{I_{\text{min}}}{A}} = \sqrt{\frac{649,2}{124,8}} = 2,3 \,\text{mm}$$

zu

$$\lambda = \frac{l_K}{i} = \frac{l}{2i} = \frac{1000,0}{2 \cdot 2,3} = 217 > \lambda_P = 100 \; .$$

Damit war die Untersuchung als „EULERfall" der richtige Lösungsweg.

Aufgabe 14.2: Um welchen Betrag kann die Temperatur eines beidseitig eingespannten Trägers mit I-Querschnitt maximal erhöht werden, damit er nicht ausknickt?

Gegeben: $l = 2,50\,\text{m}$, $b = 1,2\,\text{cm}$, $\alpha_l = 12 \cdot 10^{-6}\,\text{1/K}$,
$\qquad\qquad E = 2,1 \cdot 10^5\,\text{N/mm}^2$, $\lambda_F = 60$, $\sigma_F = -240,0\,\text{N/mm}^2$,
$\qquad\qquad \sigma_T = \;\; 0,8175\,\text{N/mm}^2$, $\lambda_P = 100$.

Zunächst benötigt man die Querschnittsfläche

$$A = 3 \cdot 6\,b^2 = 18\,b^2$$

und die Flächenmomente 2. Grades

$$I_{xx} = \frac{6b \cdot (8b)^3}{12} - \frac{5b \cdot (6b)^3}{12} = 166\,b^4 \,,$$

$$I_{yy} = \frac{6b \cdot b^3}{12} + 2\frac{b \cdot (6b)^3}{12} = 36,5\,b^4 \,.$$

Der Stab würde also beim Knicken senkrecht zur vertikalen $y-$Achse ausweichen, da das bezüglich dieser Achse ermittelte Flächenmoment 2. Grades I_{yy} das kleinere von beiden ist.

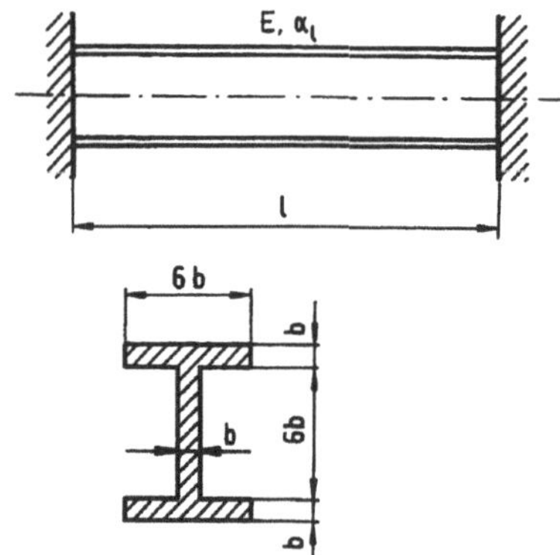

Abbildung 14.2: Knickstab

Damit können der Trägheitsradius i und der Schlankheitsgrad λ zu

$$i = \sqrt{\frac{I_{\min}}{A}} = \sqrt{\frac{36,5\,b^4}{18\,b^2}}$$

$$= 1,42\,b = 1,70\,\text{cm}\,,$$

$$\lambda = \frac{l_K}{i} = \frac{l}{2i} = \frac{250,0}{2 \cdot 1,70}$$

$$= 74 < \lambda_P = 100$$

bestimmt werden.

Die Knickaufgabe ist also nach TETMAJER zu lösen. Aus der Formel für die Temperaturdehnung und dem HOOKEschen Gesetz

$$\varepsilon_{th} = \frac{\Delta l}{l} = \alpha_l \Delta T \quad ; \quad \sigma_K = E\varepsilon_{th}$$

folgt mit der Knickspannung nach TETMAJER

$$\sigma_K = [|\sigma_F| - \sigma_T(\lambda - \lambda_F)]$$

schließlich die zulässige Temperaturerhöhung

$$\Delta T = \frac{\varepsilon_{th}}{\alpha_l} = \frac{\sigma_K}{E\alpha_l} = \frac{1}{E\alpha_l}[|\sigma_F| - \sigma_T(\lambda - \lambda_F)]$$

$$= \frac{10^6}{2,1 \cdot 10^5 \cdot 12}[240,0 - 0,8175(74 - 60)] = 90,70\,\text{K}\,.$$

Kinematik und Kinetik

15 Kinematik der Punktmasse

Klausuraufgaben aus dem Stoffgebiet *Kinematik* gehören trotz der Vielfalt der Aufgabenstellungen erfahrungsgemäß zu den leichteren und werden sich in erster Linie mit der *geradlinigen Bewegung* und der *Bewegung auf einem Kreis* befassen. Nachfolgend sind die erforderlichen Formeln angegeben.

Geradlinige Bewegung

$$\text{Beschleunigung:} \qquad a(t) = \ddot{s}(t)\,,$$

$$\text{Geschwindigkeit:} \qquad v(t) = \dot{s}(t) = \int a(t)\,\mathrm{d}t + c_1\,,$$

$$\text{Weg:} \qquad s(t) = \int\left(\int a(t)\,\mathrm{d}t\right)\mathrm{d}t + c_1 t + c_2\,;$$

Bewegung auf einem Kreis

$$\text{Normalbeschleunigung:} \qquad a_n(t) = r\,\dot{\varphi}^2(t) = r\,\omega^2(t)\,,$$

$$\text{Tangentialbeschleunigung:} \qquad a_t(t) = \ddot{s}(t) = r\,\ddot{\varphi}(t) = r\,\alpha(t)\,,$$

$$\text{Geschwindigkeit:} \qquad v(t) = \dot{s}(t) = \int a_t(t)\,\mathrm{d}t + c_1 = r\,\dot{\varphi}(t) = r\,\omega(t)\,,$$

$$\text{Weg:} \qquad s(t) = \int\left(\int a_t(t)\,\mathrm{d}t\right)\mathrm{d}t + c_1 t + c_2 \quad = r\varphi(t)\,.$$

Aufgabe 15.1: Beim Notbremsen wird ein mit der Geschwindigkeit v_o fahrender Zug innerhalb der Strecke s_1 zum Stehen gebracht. Wie groß ist die konstante Bremsbeschleunigung a? Zeichnen Sie die Diagramme $a(t)$, $v(t)$ und $s(t)$.
Gegeben: $v_o = 180,0\,\mathrm{km/h}$, $s_1 = 800,0\,\mathrm{m}$.

Mit der vorerst noch unbekannten (Brems-)Beschleunigung a erhält man aus den allgemeinen Differentialbeziehungen der geradlinigen Bewegung durch Integration

$$a(t) = a = \text{konst.} \quad \rightarrow \quad v(t) = at + c_1 \quad \rightarrow \quad s(t) = \frac{a}{2}t^2 + c_1 t + c_2\,.$$

Die Bedingungen zur Ermittlung der Integrationskonstanten heißen im Gegensatz zu den *Randbedingungen* (bei z. B. Schnittgrößen oder elastischen Linien) bei kinematischen oder auch kinetischen Aufgaben *Anfangsbedingungen*, da am Anfang einer Bewegung bestimmte Größen (z. B. Wege, Geschwindigkeiten, Beschleunigungen, Kräfte, Impulse, Energiegrößen usw.) aus der Aufgabenstellung bekannt sind. (Natürlich ist mit *Anfang* nicht immer der Zeitpunkt $t = 0$ gemeint. Es können auch Werte zu einem anderen Zeitpunkt festgelegt werden.)

Wir wählen als Zeitpunkt $t = 0$ und Anfang der Wegmessung $s = 0$ die Zeit und den Ort des Bremsbeginns und erhalten aus den *Anfangsbedingungen*

$$v(t = 0) = v_o \,, \; s(t = 0) = 0 \qquad \text{die Integrationskonstanten} \qquad c_1 = v_o \,, \; c_2 = 0 \,.$$

Damit lauten die Bewegungsgleichungen

$$v(t) = at + v_o \quad ; \quad s(t) = \frac{a}{2}t^2 + v_o t \,.$$

Zunächst benötigt man die Zeit t_1 bis zum Stillstand des Zuges. Sie folgt aus der Bedingung

$$v(t = t_1) = 0 = at_1 + v_o \qquad \text{zu} \qquad t_1 = -\frac{v_o}{a} \,.$$

(Das negative Vorzeichen von t_1 darf nicht stören, da die Beschleunigung a eine *Verzögerung* ist und somit ebenfalls ein negatives Vorzeichen haben wird.)

Setzt man diese Zeit t_1 in die Weg-Zeit-Gleichung ein, so ergeben sich die gesuchte Bremsbeschleunigung aus

$$s(t = t_1) = s_1 = \frac{a}{2}t_1^2 + v_o t_1 = \frac{a}{2}\Big(-\frac{v_o}{a}\Big)^2 + v_o\Big(-\frac{v_o}{a}\Big) = -\frac{v_o^2}{2a} \quad \text{zu} \quad a = -\frac{v_o^2}{2s_1}$$

und damit die Bremszeit zu

$$t_1 = -\frac{v_o}{a} = \frac{v_o}{v_o^2}2s_1 = \frac{2s_1}{v_o} \,.$$

Die Bewegungsgleichungen nehmen die Form

$$a(t) \;= -\frac{v_o^2}{2s_1} \,,$$

$$v(t) \;= -\frac{v_o^2}{2s_1}t + v_o \quad = v_o\Big(1 - \frac{v_o}{2s_1}t\Big) \,,$$

$$s(t) \;= -\frac{v_o^2}{2s_1}\frac{t^2}{2} + v_o t \quad = v_o t\Big(1 - \frac{v_o}{4s_1}t\Big)$$

an und werden anschließend in Diagrammen dargestellt (Abb. 15.1).

Mit den vorgeschriebenen Zahlenwerten (*Beachte*: $1,0\,\text{km/h} = 1,0/3,6\,\text{m/s}$) erhalten wir

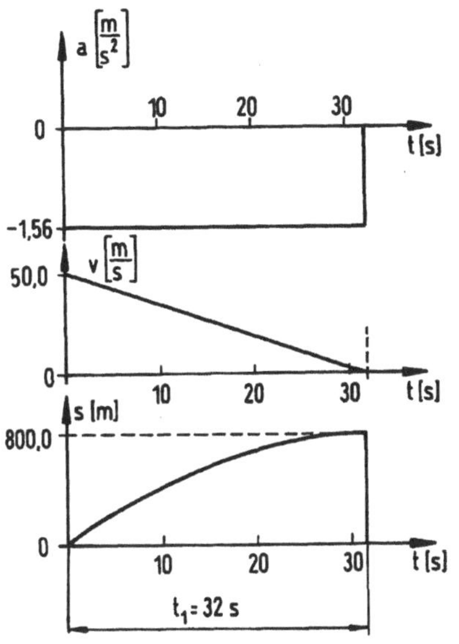

$$a = -\frac{180,0^2}{3,6^2 \cdot 2 \cdot 800,0} = -1,56\,\frac{\text{m}}{\text{s}^2},$$

$$t_1 = \frac{2 \cdot 3,6 \cdot 800,0}{180,0} = 32,0\,\text{s}$$

und

$$a(t) = -1,56\,\frac{\text{m}}{\text{s}^2},$$

$$v(t) = 50,0\left(1 - 0,0312\,t\,\frac{1}{\text{s}}\right)\frac{\text{m}}{\text{s}},$$

$$s(t) = 50,0\,t\left(1 - 0,0156\,t\,\frac{1}{\text{s}}\right)\frac{\text{m}}{\text{s}}.$$

Abbildung 15.1: Bewegungsdiagramme

Hierbei ist daran zu denken, daß die Zeit t in den vorstehenden Gleichungen in Sekunden(s) einzusetzen ist, und sich dann die richtigen Maßeinheiten ergeben.

Aufgabe 15.2: Zwei Schwimmer starten gleichzeitig zur Zeit $t = 0$ in einem Schwimmbecken von der Länge l. Schwimmer 1 bewegt sich mit der annähernd konstanten Geschwindigkeit v_o, während Schwimmer 2 mit einer kleineren Durchschnittsgeschwindigkeit $\alpha\,v_o\,(\alpha < 1)$ schwimmt.

In welchem Abstand $\bar{s}$ vom Startpunkt begegnen sich die Schwimmer und welche Zeit t_G ist bis dahin vergangen?
Stellen Sie die Bewegung in einem Weg-Zeit-Diagramm dar.

Derartige Kinematik-Aufgaben lassen sich meistens auf verschiedenen Wegen lösen. Es wird empfohlen, sich die Bewegungsvorgänge an einem Weg-Zeit-Diagramm klar zu machen, das bei einer maßstabgerechten Zeichnung ($1,0\,\text{cm} \stackrel{\wedge}{=} \ldots$ m bzw. dem üblichen $1 : \ldots$ für den Längenmaßstab und $1,0\,\text{cm} \stackrel{\wedge}{=} \ldots$ s für den Zeitmaßstab) bei vorgeschriebenen oder angenommenen Zahlenwerten auch als Kontrolle der Rechnung – wenn nicht gar als Lösungsmethode – dient.

Die von dem Schwimmer 1 benötigte Zeit t_1 für die Strecke l bis zur Wende folgt aus

$$v_1(t) = v_o \quad ; \quad s_1(t) = v_o t \quad \rightarrow \quad s_1(t = t_1) = l = v_o t_1 \quad \rightarrow \quad t_1 = \frac{l}{v_o}.$$

Für den Schwimmer 2 gelten

$$v_2(t) = \alpha\, v_o \quad ; \quad s_2(t) = \alpha\, v_o t\,.$$

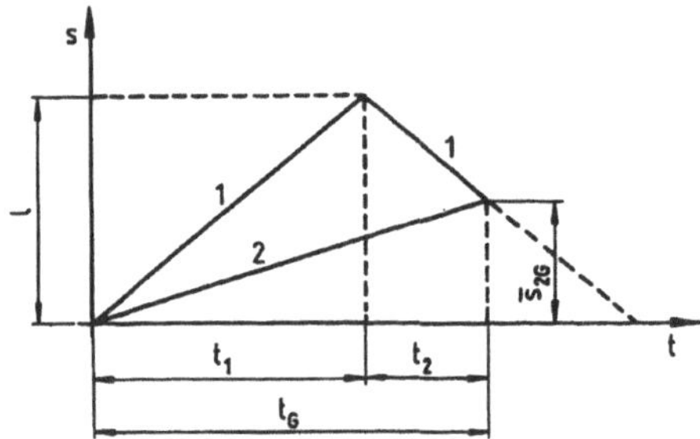

Abbildung 15.2: Weg-Zeit-Diagramm

Er legt die Strecke $\bar{s}$ in der Gesamtzeit t_G zurück, während dem Schwimmer 1 für die Differenzstrecke $l - \bar{s}$ nur noch die Differenzzeit $t_G - t_1$ zur Verfügung steht. Dann erhält man aus den beiden Gleichungen

$$\alpha\, v_o t_G = \bar{s} \quad ; \quad v_o\!\left(t_G - \frac{l}{v_o}\right) = l - \bar{s}$$

die beiden gesuchten Werte

$$t_G = \frac{2l}{(1+\alpha)v_o} \quad ; \quad \bar{s} = \frac{2\alpha}{1+\alpha}l\,.$$

Aufgabe 15.3: Auf einer Kreisbahn vom Radius r beginnen zwei Punkte 1 und 2 an der Stelle A mit gleicher Anfangsgeschwindigkeit v_o ihre Bewegung (Abb. 15.3). Punkt 1 wird mit der konstanten Tangentialbeschleunigung a_{to} beschleunigt, Punkt 2 mit a_{to} verzögert.

1. Wie groß muß a_{to} sein, damit die Punkte an der Stelle B zusammentreffen?
2. Welche Zeit t_B vergeht bis zum Zusammentreffen?
3. Mit welchen Geschwindigkeiten v_{1B} und v_{2B} kommen die beiden Punkte an der Stelle B an?

Da sich beide Punkte mit konstanter Tangentialbeschleunigung (bzw. -verzögerung) bewegen, sind ihre Bewegungsgleichungen

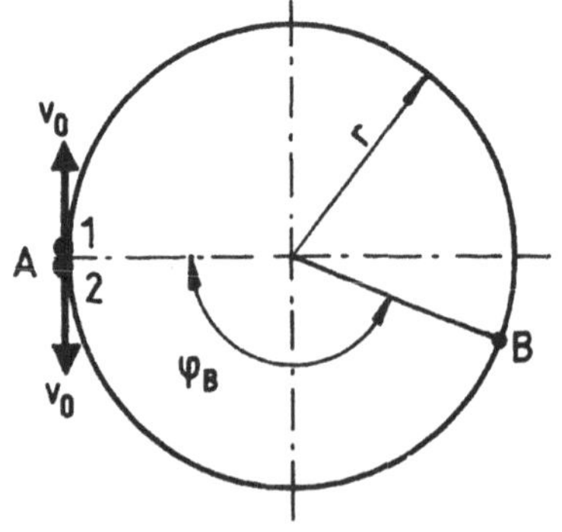

Abbildung 15.3: Kreisbewegung

Punkt 1:

$$a_{t1}(t) = r\,\alpha_1(t) = a_{to}\,,$$

$$v_1(t) = r\,\omega_1(t) = a_{to}t + v_o\,,$$

$$s_1(t) = r\,\varphi_1(t) = a_{to}\frac{t^2}{2} + v_o t\,;$$

Punkt 2:

$$a_{t2}(t) \;=\; r\,\alpha_2(t) \;=\; -a_{to}\,,$$

$$v_2(t) \;=\; r\,\omega_2(t) \;=\; -a_{to}t + v_o\,,$$

$$s_2(t) \;=\; r\,\varphi_2(t) \;=\; -a_{to}\frac{t^2}{2} + v_o t\,.$$

Die Summe der von den beiden Punkten in der Zeit t_B zurückgelegten Wege muß gerade $2\pi r$ sein, so daß aus

$$r\,\varphi_1(t=t_B) + r\,\varphi_2(t=t_B) = a_{to}\frac{t_B^2}{2} + v_o t_B - a_{to}\frac{t_B^2}{2} + v_o t_B = 2\pi r$$

die Zeit

$$t_B = \frac{\pi r}{v_o}$$

folgt. Da der Punkt 2 in dieser Zeit t_B die Stelle B erreichen soll, ermittelt man aus der Bedingung

$$\varphi_2(t=t_B) = \varphi_B = -\frac{a_{to}}{2\,r}\Big(\frac{\pi r}{v_o}\Big)^2 + \frac{v_o}{r}\frac{\pi r}{v_o}$$

die erforderliche Beschleunigung

$$a_{to} = (\pi - \varphi_B)\frac{2v_o^2}{\pi^2 r} = \Big(1 - \frac{\varphi_B}{\pi}\Big)\frac{2v_o^2}{\pi r}\,.$$

Die gesuchten Endgeschwindigkeiten berechnet man dann zu

$$v_{1B} = v_1(t=t_B) = \Big(1 - \frac{\varphi_B}{\pi}\Big)\frac{2v_o^2}{\pi r}\frac{\pi r}{v_o} + v_o = \Big(3 - 2\frac{\varphi_B}{\pi}\Big)v_o\,,$$

$$v_{2B} = v_2(t=t_B) = -\Big(1 - \frac{\varphi_B}{\pi}\Big)\frac{2v_o^2}{\pi r}\frac{\pi r}{v_o} + v_o = \Big(-1 + 2\frac{\varphi_B}{\pi}\Big)v_o\,.$$

Bei derartigen allgemeinen Ergebnissen ist es immer nützlich, die Maßeinheiten zu kontrollieren (z. B. $[2v_o^2/(\pi r)]{=}\mathrm{m}^2/(\mathrm{s}^2\mathrm{m}) {=}\mathrm{m/s}^2$). Außerdem wird empfohlen, diese Ergebnisse zu prüfen, indem sie für bestimmte Sonderfälle untersucht werden. Setzt man z. B. $\varphi_B = \pi$, dann erhält man zunächst die Beschleunigung $a_{to} = 0$ und damit die Geschwindigkeiten $v_{1B} = v_{2B} = v_1 = v_2 = v_o = $ konst. (wie das nicht anders zu erwarten war).

16 Kinetik der Punktmasse

16.1 Dynamisches Grundgesetz, Impulssatz

Handelt es sich in einer Mechanik-Aufgabe neben Zeiten oder Wegen usw. um Kräfte oder Massen, dann gehört diese Aufgabe in das Gebiet der *Kinetik*. Das grundlegende Gesetz der Kinetik ist das *Dynamische Grundgesetz* (Zweites NEWTONsches Axiom) und – daraus abgeleitet – der *Impulssatz*. Diese beiden Sätze lauten in vektorieller und 2-dimensionaler Komponentenschreibweise

---

Dynamisches Grundgesetz für $m = $ konst. :

$$\boldsymbol{F} = m\,\boldsymbol{a} = m\,\dot{\boldsymbol{v}} = m\,\ddot{\boldsymbol{r}} \quad \rightarrow \quad \begin{cases} F_x(t) = m\,a_x(t) = m\,\dot{v}_x(t) = m\,\ddot{r}_x(t)\,, \\[2ex] F_y(t) = m\,a_y(t) = m\,\dot{v}_y(t) = m\,\ddot{r}_y(t)\,; \end{cases}$$

Impulssatz :

$$\int_{t_0}^{t_1} \boldsymbol{F}\,\mathrm{d}t = (m\,\boldsymbol{v})_1 - (m\,\boldsymbol{v})_0 \quad \rightarrow \quad \begin{cases} \displaystyle\int_{t_0}^{t_1} F_x(t)\,\mathrm{d}t = [m\,v_x(t)]_1 - [m\,v_x(t)]_0\,, \\[3ex] \displaystyle\int_{t_0}^{t_1} F_y(t)\,\mathrm{d}t = [m\,v_y(t)]_1 - [m\,v_y(t)]_0\,. \end{cases}$$

Aufgabe 16.1: Eine Punktmasse ($m = $ konst., Gewicht $F = mg$) wird im Schwerefeld der Erde von der Höhe h mit einer Anfangsgeschwindigkeit v_o unter einem Winkel α abgeschossen (Abb. 16.1).

Wie groß muß α sein, damit die Punktmasse die maximale Wurfweite $x_{\max}$ erreicht? Wie groß ist $x_{\max}$?
(Hinweis: Man verwende in der Rechnung die Abkürzung $k = (2gh)/v_o^2$.)
Gegeben: $m\,,h\,,v_o\,,g\,$.

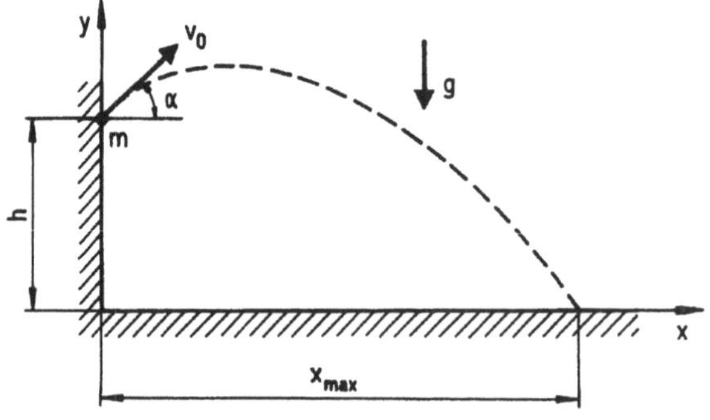

Abbildung 16.1: Schiefer Wurf

Mit $F_x = 0$ und $F_y = -mg$ folgen aus dem *Dynamischen Grundgesetz*

$$\ddot{r}_x(t) = 0 \qquad ; \qquad \ddot{r}_y(t) = -g \,,$$

$$\dot{r}_x(t) = c_1 \qquad ; \qquad \dot{r}_y(t) = -gt + c_3 \,,$$

$$r_x(t) = c_1 t + c_2 \qquad ; \qquad r_y(t) = -\frac{1}{2}gt^2 + c_3 t + c_4 \,.$$

Aus den *Anfangsbedingungen*

$$r_x(t=0) = 0 \qquad ; \qquad \dot{r}_x(t=0) = v_{ox} = v_o \cos\alpha \,,$$

$$r_y(t=0) = h \qquad ; \qquad \dot{r}_y(t=0) = v_{oy} = v_o \sin\alpha$$

ermitteln wir die Integrationskonstanten

$$c_1 = v_o \cos\alpha \quad ; \quad c_2 = 0 \quad ; \quad c_3 = v_o \sin\alpha \quad ; \quad c_4 = h \,,$$

so daß die Bewegungsgleichungen im $x, y-$Koordinatensystem die Form

$$\ddot{r}_x(t) = 0 \qquad ; \qquad \ddot{r}_y(t) = -g \,,$$

$$\dot{r}_x(t) = v_o \cos\alpha \qquad ; \qquad \dot{r}_y(t) = -gt + v_o \sin\alpha \,,$$

$$r_x(t) = v_o t \cos\alpha \qquad ; \qquad r_y(t) = -\frac{1}{2}gt^2 + v_o t \sin\alpha + h$$

annehmen. Setzt man $r_y(t = \bar{t}) = 0$, so kann die Zeit $\bar{t}$ berechnet werden, nach der die Punktmasse die $x-$Achse erreicht. Dazu ist eine quadratische Gleichung zu lösen, wobei für die Wurzel nur das positive Vorzeichen in Frage kommt (die Zeit $\bar{t}$ darf nicht negativ werden):

$$r_y(t = \bar{t}) = -\frac{1}{2}g\bar{t}^2 + v_o \bar{t} \sin\alpha + h = 0 \,,$$

$$\bar{t}^2 - \frac{2v_o}{g}\bar{t}\sin\alpha + \left(\frac{v_o}{g}\sin\alpha\right)^2 = \left(\bar{t} - \frac{v_o}{g}\sin\alpha\right)^2 = \frac{2h}{g} + \left(\frac{v_o}{g}\sin\alpha\right)^2 \,,$$

$$\bar{t} = \frac{v_o}{g}\sin\alpha\left(1 + \sqrt{1 + \frac{2hg}{v_o^2 \sin^2\alpha}}\,\right) \,.$$

Für die weitere Berechnung verwendet man die Abkürzung $k = \dfrac{2gh}{v_o^2}$, erhält

$$\bar{t} = \frac{v_o}{g}\sin\alpha\left(1 + \sqrt{1 + \frac{k}{\sin^2\alpha}}\,\right)$$

und damit die Wurfweite

$$r_x(t = \bar{t}) \doteq r_x(\alpha) = \frac{v_o^2}{g}\sin\alpha\cos\alpha\left(1 + \sqrt{1 + \frac{k}{\sin^2\alpha}}\,\right).$$

Diese Wurfweite soll ein Maximum werden. Also ist eine Extremwertaufgabe zu lösen, indem $r_x(\alpha)$ nach dem Winkel α differenziert und dieser Differentialquotient Null gesetzt wird. Daraus folgt dann der gesuchte Abwurfwinkel α. Mit der bekannten Differentiationsregel für ein Produkt $(u \cdot v)' = u' \cdot v + u \cdot v'$ ergibt sich zunächst

$$\frac{\mathrm{d}r_x}{\mathrm{d}\alpha} = 0 = \frac{v_o^2}{g}\left[(\cos^2\alpha - \sin^2\alpha)\left(1 + \sqrt{1 + \frac{k}{\sin^2\alpha}}\,\right) + \right.$$

$$\left. + \sin\alpha\cos\alpha\,\frac{1}{2\sqrt{1 + \dfrac{k}{\sin^2\alpha}}}(-2k)\,\frac{\cos\alpha}{\sin^3\alpha}\right].$$

Aus dieser Gleichung den Winkel α zu berechnen, sieht nicht nur kompliziert aus, sondern ist es auch! Man führt mit Hilfe der Umrechnungsformeln

$$\sin^2\alpha = \frac{\tan^2\alpha}{1 + \tan^2\alpha} \qquad ; \qquad \cos^2\alpha = \frac{1}{1 + \tan^2\alpha}$$

die Winkelfunktionen $\sin\alpha$ und $\cos\alpha$ auf $\tan\alpha$ zurück und wählt zur Abkürzung der Schreibarbeit die Größe $z = \tan^2\alpha$. Dann lautet nach einigen Umformungen die Bestimmungsgleichung

$$(1 - z)\sqrt{1 + k\frac{1 + z}{z}} = z(k + 1) + k - 1.$$

Beseitigt man in dieser Gleichung den Wurzelausdruck durch Quadrieren, so folgt eine kubische(!) Gleichung für z

$$z^3(1 + k) + z^2(1 + 2k) - z(1 - k) - 1 = 0,$$

die sich durch den Ausdruck $(z + 1)^2 = z^2 + 2z + 1$ dividieren läßt. Natürlich ist diese Möglichkeit der kubischen Gleichung nicht ohne weiteres anzusehen und muß wahrscheinlich durch mehrere Versuche herausgefunden werden.

Da eine derartige Division nicht allzu geläufig ist, sei sie in diesem *Trainingsbuch* vorgestellt:

$$[z^3(1+k) + z^2(1+2k) - z(1-k) - 1] : (z^2 + 2z + 1) = z(1+k) - 1$$

$$(-) \quad \underline{z^3(1+k) + 2z^2(1+k) + z(1+k)}$$
$$ -z^2 \qquad - 2z \qquad - 1$$
$$(-) \qquad \underline{-z^2 \qquad - 2z \qquad - 1}$$
$$ 0 \qquad\quad 0 \qquad\quad 0$$

Damit gilt

$$z^3(1+k) + z^2(1+2k) - z(1-k) - 1 = (z+1)^2[z(1+k) - 1] = 0\,,$$

und weil die Doppelwurzel $(z+1)^2 = 0 \to z = \tan^2\alpha = -1$ keine mechanisch verwendbare Lösung ist, bleibt als Ergebnis der Untersuchung

$$z(1+k) - 1 = 0 \quad \to \quad z = \tan^2\alpha = \frac{1}{1+k} = \frac{1}{1 + \dfrac{2gh}{v_o^2}}$$

bzw.

$$\alpha = \arctan \frac{1}{\sqrt{1 + \dfrac{2gh}{v_o^2}}}\,.$$

Dieser Wert wird in $r_x(\alpha)$ eingesetzt und liefert die maximale Wurfweite

$$r_{x,\mathrm{max}} = \frac{v_o^2}{g}\,\sin\alpha\cos\alpha\left(1 + \sqrt{1 + \frac{k}{\sin^2\alpha}}\,\right)$$

$$= \frac{v_o^2}{g}\,\frac{\tan\alpha}{1 + \tan^2\alpha}\left(1 + \sqrt{1 + k\frac{1 + \tan^2\alpha}{\tan^2\alpha}}\,\right) = \frac{v_o^2}{g}\sqrt{1+k} = \frac{v_o^2}{g}\sqrt{1 + \frac{2gh}{v_o^2}}\,.$$

Die ermittelten Ergebnisse müssen natürlich für $h = 0$ auf die bekannten Formeln für den „einfachen" schiefen Wurf führen:

$$k = 0 \quad \to \bar{t} = \frac{2v_o}{g}\sin\alpha \quad ; \quad \alpha = \arctan 1 \quad \to \alpha = 45° \quad ; \quad r_{x,\mathrm{max}} = \frac{v_o^2}{g}\,,$$

womit eine erste notwendige Kontrolle der Rechnung erfolgte.

Aufgabe 16.2: Eine Punktmasse (Gewicht $F = mg$) wird durch eine zeitabhängige Kraft $F(t)$ auf einer horizontalen Ebene verschoben (Abb. 16.2). Die Zeitabhängigkeit der Kraft ist quadratisch (siehe Skizze). Der Gleitreibungskoeffizient zwischen der Punktmasse und dem Untergrund ist μ. Welche Geschwindigkeit v_E besitzt die Punktmasse, wenn sie in der Zeit T die Strecke l zurückgelegt hat?
Gegeben: $m\,,g\,,l\,,F_o\,,\mu\,,\beta\,,v(t=0)=0$.

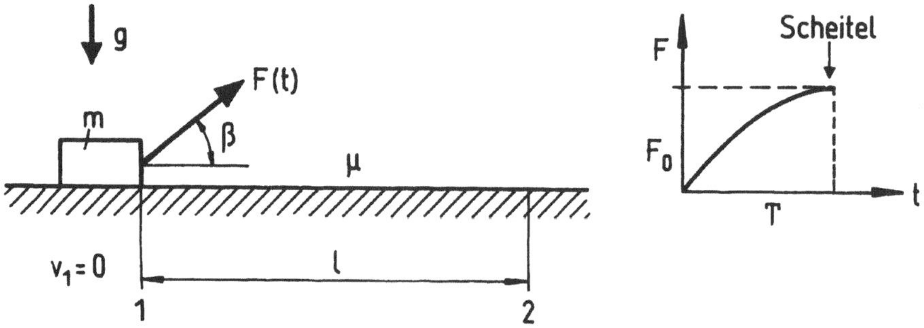

Abbildung 16.2: Verschiebung auf horizontaler Ebene

Mit dem allgemeinen quadratischen Ansatz für den Kraftverlauf

$$F(t) = c_o + c_1 t + c_2 t^2$$

finden wir aus den *Anfangsbedingungen* (es müssen nicht *immer* Bedingungen zur Zeit $t = 0$ sein!)

$$F(t=0)=0 \quad ; \quad F(t=T) = F_o \quad ; \quad \frac{\mathrm{d}F}{\mathrm{d}t}(t=T) = 0$$

über die Konstanten $c_o = 0\,, c_1 = 2F_o/T\,, c_2 = F_o/T^2$ den Kraftverlauf

$$F(t) = F_o\Big(2\frac{t}{T} - \frac{t^2}{T^2}\Big)\,.$$

Die auf die Punktmasse einwirkende Kraft in horizontaler Richtung besteht aus der horizontalen Komponente $F(t)\cos\beta$ der Kraft $F(t)$ und der Reibungskraft (der die Reibung entlastende Einfluß der Kraft $F(t)$ wird oft vergessen!)

$$F_R = \mu F_N = \mu(mg - F\sin\beta).$$

Mit der Anfangsgeschwindigkeit $v(t = 0) = v_1 = 0$ lautet der *Impulssatz* für eine (zunächst) beliebige Endzeit t (da die Zeit t eine Integrationsgrenze ist, muß man als Integrationsvariable eine neue Größe – hier τ – einsetzen) und nachfolgender Integration für die *Anfangsbedingung* $s(t = 0) = 0$

$$\int\limits_{0}^{t} F(\tau)\,\mathrm{d}\tau = m\,v(t) - (m\,v)_0 = m\,v(t)\,,$$

$$v(t) = \int\limits_{0}^{t} \big[\frac{F_o}{m}(\cos\beta + \mu\sin\beta)(2\frac{\tau}{T} - \frac{\tau^2}{T^2}) - \mu g\big]\,\mathrm{d}\tau$$

$$= \frac{F_o T}{3m}(\cos\beta + \mu\sin\beta)(3\frac{t^2}{T^2} - \frac{t^3}{T^3}) - \mu g T\,\frac{t}{T}\,,$$

$$s(t) = \frac{F_o T^2}{12m}(\cos\beta + \mu\sin\beta)(4\frac{t^3}{T^3} - \frac{t^4}{T^4}) - \mu\frac{g T^2}{2}\frac{t^2}{T^2}\,.$$

Da zur Zeit $t = T$ die Strecke l zurückgelegt werden soll, ergeben sich aus $s(t = T) = l$ die erforderliche Zeit T zu

$$T = \sqrt{\dfrac{4l}{\dfrac{F_o}{m}(\cos\beta + \mu\sin\beta) - 2\mu g}}$$

und die Endgeschwindigkeit zu

$$v_E = v(t = T) = \frac{2F_o T}{3m}(\cos\beta + \mu\sin\beta) - \mu g T\,.$$

Es wird aus Platzgründen darauf verzichtet, in diese Gleichung noch einmal den Wert T einzutragen.

16.2 Arbeitssatz, Leistung

Aufgabe 16.3: Eine Punktmasse ($F_G = mg$) wird durch eine Kraft $F(s)$ auf einer horizontalen Ebene verschoben (vgl. Abb. 16.2). Die Wegabhängigkeit der Kraft ist quadratisch (Abb. 16.3). Der Gleitreibungskoeffizient zwischen der Punktmasse und dem Untergrund ist μ.

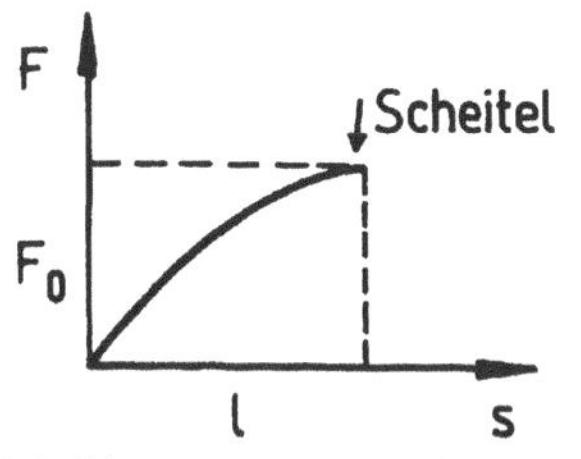

Abbildung 16.3: Kraft-Funktion

Welche Geschwindigkeit v_E besitzt die Punktmasse, wenn sie die Strecke l zurückgelegt hat? Gegeben: $m\,,g\,,l\,,F_o\,,\mu\,,\beta\,,v(t = 0) = 0\,.$

Im Gegensatz zur Aufgabe 16.2, in welcher wegen der Zeitabhängigkeit der Kraft F der Impulssatz verwendet wurde (der Weg s tritt dabei nicht auf; man erhält ihn lediglich später bei der

Integration der Geschwindigkeit), muß man bei einer wegabhängigen Kraft $F(s)$ die Aufgabe mit dem *Arbeitssatz* lösen. Dabei erscheint die Zeit t nicht explizit.

$$\text{\textit{Arbeitssatz}}: \qquad W \;=\; \int\limits_{s_0}^{s_1} \boldsymbol{F}\,\mathrm{d}\boldsymbol{r}$$

$$=\; \int\limits_{s_0}^{s_1} (F_x\,\mathrm{d}r_x + F_y\,\mathrm{d}r_y) = E_{\mathrm{kin},1} - E_{\mathrm{kin},0}\,,$$

$$\text{\textit{Kinetische Energie}}: \qquad E_{\mathrm{kin}} \;=\; \frac{1}{2}mv^2 = \frac{m}{2}(v_x^2 + v_y^2) = \frac{m}{2}(\dot r_x^2 + \dot r_y^2)\,,$$

$$\text{\textit{Leistung}}: \qquad P \;=\; \frac{\mathrm{d}W}{\mathrm{d}t} = \boldsymbol{F}\,\boldsymbol{v} = F_x v_x + F_y v_y\,,$$

bzw.

$$P \;=\; \frac{\mathrm{d}W}{\mathrm{d}t} = \boldsymbol{M}\,\boldsymbol{\omega} = M\,\omega\,.$$

Der wegabhängige Verlauf der Kraft kann analog der Aufgabe 16.2 hingeschrieben werden (die Zeiten $t\,,T$ sind durch die Strecken $s\,,l$ zu ersetzen):

$$F(s) = F_o\bigl(2\frac{s}{l} - \frac{s^2}{l^2}\bigr)\,.$$

Die Kraftkomponente in Verschiebungsrichtung s beträgt (vgl. Aufgabe 16.2)

$$F(s) = F_o(\cos\beta + \mu\sin\beta)\bigl(2\frac{s}{l} - \frac{s^2}{l^2}\bigr) - \mu mg\,.$$

Dann folgt aus dem Arbeitssatz

$$\int\limits_0^l F(s)\,\mathrm{d}s \;=\; \int\limits_0^l \Bigl[F_o(\cos\beta + \mu\sin\beta)\bigl(2\frac{s}{l} - \frac{s^2}{l^2}\bigr) - \mu mg\Bigr]\,\mathrm{d}s$$

$$=\; \frac{2}{3}F_o l(\cos\beta + \mu\sin\beta) - \mu mgl = \frac{1}{2}mv_E^2$$

die gesuchte Endgeschwindigkeit

$$v_E = \sqrt{\frac{4F_o l}{3m}(\cos\beta + \mu\sin\beta) - 2\mu gl}\,.$$

Aufgabe 16.4:   Man berechne die Leistung eines Elektromotors, der einem Schienenfahrzeug vom Gewicht $F_G = 1\,000,0\,\text{kN}$ auf einer fünfprozentigen Steigung die Geschwindigkeit $v = 70,0\,\text{km/h}$ verleiht. Die Reibungskraft zwischen Schiene und Fahrzeug beträgt 2% der Normalkraft auf die Fahrbahn. Der Wirkungsgrad ist $\eta = 0,97$ (Abb. 16.4).

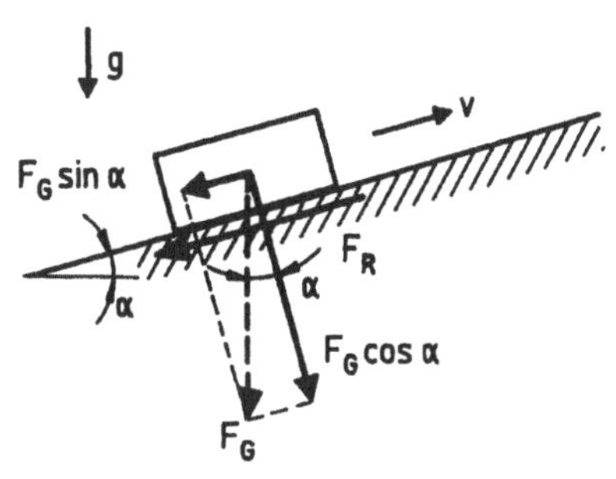

Die fünfprozentige Steigung (0,05) der Fahrbahn führt zunächst zu der Winkelfunktion $\tan\alpha = 0,05$ und damit zu

$$\sin\alpha = \sqrt{\frac{\tan^2\alpha}{1+\tan^2\alpha}} = 0,04994\,,$$

$$\cos\alpha = \sqrt{\frac{1}{1+\tan^2\alpha}} = 0,99875\,.$$

Abbildung 16.4: Bewegung auf einer schiefen Ebene

Es liegt eine gleichförmige Bewegung mit konstanter Geschwindigkeit vor.

Deshalb muß die Antriebskraft des Elektromotors mit allen hangabwärts gerichteten Kräften eine Gleichgewichtsgruppe bilden und besitzt die Größe

$$F = F_G \sin\alpha + F_R = F_G \sin\alpha + 0,02 F_G \cos\alpha$$

$$= F_G(\sin\alpha + 0,02\cos\alpha) = F_G(0,04994 + 0,02\cdot 0,99875) = 0,06992\,F_G\,.$$

Um eine Geschwindigkeit von $v = 70,0\,\text{km/h} = \dfrac{70,0}{3,6}\,\text{m/s}$ zu erreichen, muß der Elektromotor also die Leistung

$$P = \frac{1}{\eta}F\,v = \frac{1}{0,97}\,0,06992\cdot 1000,0\cdot\frac{70,0}{3,6} = 1\,401,6\,\frac{\text{kNm}}{\text{s}} = 1\,401,6\,\text{kW}$$

erbringen.

(Um eine „veraltete" Maßeinheit zu erwähnen: Mit $1\,\text{PS} = 735,5\,\text{Nm/s} = 0,7355\,\text{kW}$ entspricht das Ergebnis einer Leistung von $P = 1\,906\,\text{PS}$.)

Aufgabe 16.5:   Eine Schleifscheibe ($r = 30,0\,\text{cm}$) macht $n = 120\,\text{1/min}$ Umdrehungen. Gesucht ist die Kraft F_R, mit der ein Werkstück an die Scheibe gedrückt wird (Abb. 16.5), wenn der Leistungsverlust $P_V = 1,2\,\text{kW}$ beträgt und der Reibungskoeffizient $\mu = 0,2$ ist.

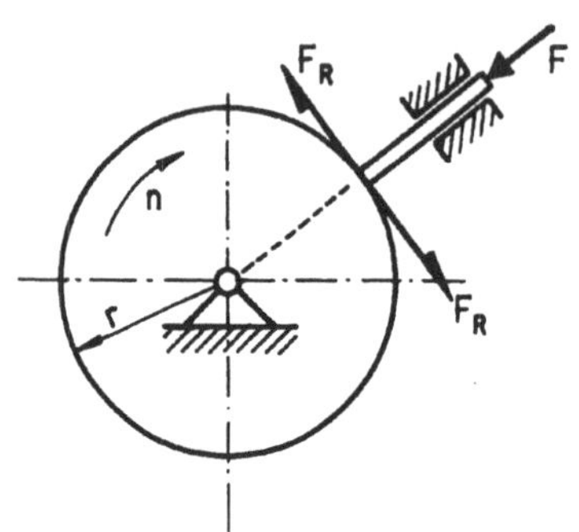

Abbildung 16.5: Schleifscheibe

Da sich die Schleifscheibe mit konstanter Winkelgeschwindigkeit ω drehen soll, ist der Leistungsverlust P_V der durch die Reibungskraft F_R verursachten Bremsleistung äquivalent.

Mit dem Bremsmoment

$$M = F_R\, r = \mu F\, r$$

erhalten wir für die Bremsleistung

$$P = P_V = M\,\omega = \mu F\, r\, \omega$$

und bei Beachtung des Zusammenhanges $\omega[\text{in } 1/\text{s}] = \dfrac{\pi n[\text{in } 1/\text{min}]}{30}$ für die erforderliche Kraft

$$F = \frac{30\, P_V}{\mu r \pi n} = \frac{30 \cdot 1,2}{0,2 \cdot 0,3 \cdot \pi \cdot 120} = 1,59\,\text{kN}\,.$$

16.3   Potentielle Energie, Energieerhaltungssatz

Während bei Anwendung des Arbeitssatzes die verrichtete Arbeit bei beliebigen Kraftfeldern von der Form des zurückgelegten Weges abhängt, ist das für spezielle Kraftfelder, die *konservativen Kraftfelder*, nicht der Fall. Diese Kraftfelder sind dadurch ausgezeichnet, daß sie sich durch partielle Differentiation einer Funktion, der *Potentialfunktion* oder auch *Potentiellen Energie* E_{pot}, berechnen lassen, und für sie der *Energieerhaltungssatz* gilt.

$$
\begin{array}{lll}
\textit{Konservative Kraftfelder}: & F_x = -\dfrac{\partial E_{\text{pot}}}{\partial x} \;\; ; & F_y = -\dfrac{\partial E_{\text{pot}}}{\partial y}\,, \\[2.5ex]
\textit{Potentielle Energie}: & E_{\text{pot}} = mgy + c & \text{im Schwerefeld der Erde}\,, \\[2.5ex]
& E_{\text{pot}} = \dfrac{1}{2}ks^2 & \text{im Federkraftfeld}\,, \\[2.5ex]
\textit{Energieerhaltungssatz}: & E_{\text{kin},0} + E_{\text{pot},0} = E_{\text{kin},1} + E_{\text{pot},1} = \text{konst.}
\end{array}
$$

Die nachfolgende Aufgabe ist keine eigentliche Klausur-Aufgabe, sie wird aber dennoch aufgenommen, um den Unterschied zwischen einem nichtkonservativen und einem konservativen Kraftfeld bei der Bewegung einer Punktmasse zwischen einem Anfangspunkt 0 und einem Endpunkt 2 zu demonstrieren.

Aufgabe 16.6: Es sind zwei Kraftfelder vorgegeben: Im Kraftfeld 1 ist die Kraft stets konstant (Abb. 16.6.1)und im Kraftfeld 2 proportional zum Koordinatenursprung ($F = k\,r$)(Abb. 16.6.2). Berechnen Sie die verrichtete Arbeit jeweils für den Weg 0–1–2 und 0–2.

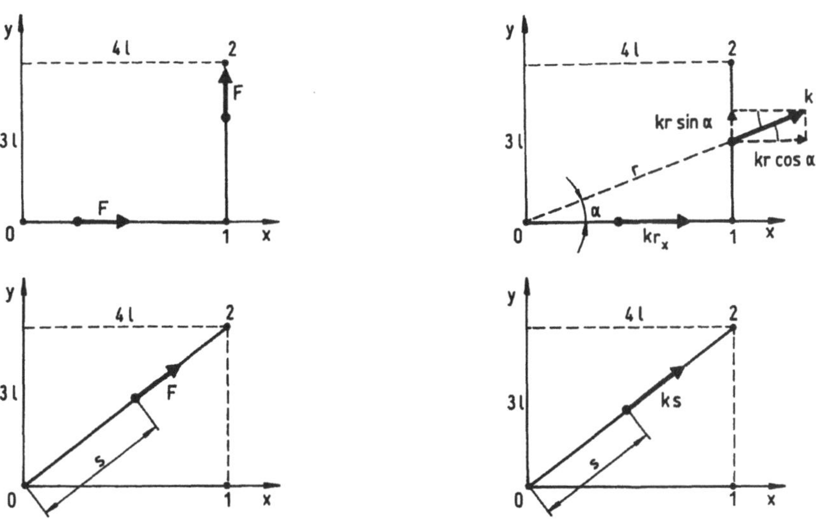

Abbildung 16.6.1: Kraftfeld F =konst.   Abbildung 16.6.2: Kraftfeld $F = k\,r$

Kraftfeld 1 (Abb. 16.6.1) :

Weg 0–1–2
$$W_1 = \int\limits_0^{4l} F\,\mathrm{d}r_x + \int\limits_0^{3l} F\,\mathrm{d}r_y = 7Fl\,,$$

Weg 0–2
$$W_2 = \int\limits_0^{5l} F\,\mathrm{d}s = 5Fl \neq W_1\,,$$

Das in dem zweiten Beispiel gegebene Kraftfeld besitzt eine Potentielle Energie (man nennt sie auch *Potential*), denn man kann sofort prüfen, daß für

$$E_{\mathrm{pot}} = -\frac{1}{2}kr^2$$

tatsächlich die Kraft

$$F = -\frac{\partial E_{\mathrm{pot}}}{\partial r} = kr$$

folgt. Mit der Winkelfunktion $\sin\alpha = r_y/r$ erhält man im

Kraftfeld 2 (Abb. 16.6.2) :

Weg 0–1–2
$$W_1 = \int\limits_0^{4l} kr_x\,\mathrm{d}r_x + \int\limits_0^{3l} kr\sin\alpha\,\mathrm{d}r_y$$

$$= \int\limits_0^{4l} kr_x\,\mathrm{d}r_x + \int\limits_0^{3l} kr_y\,\mathrm{d}r_y = \frac{25}{2}\,kl^2\;;$$

Weg 0–2
$$W_2 = \int\limits_0^{5l} ks\,\mathrm{d}s = \int\limits_0^{5l} kr\,\mathrm{d}r = \frac{25}{2}kl^2 = W_1\,.$$

Man erkennt, daß die verrichtete Arbeit bei einem konservativen Kraftfeld tatsächlich unabhängig vom Weg ist.

Aufgabe 16.7: Eine Punktmasse vom Gewicht $F_G = mg$ bewegt sich im Schwerefeld der Erde mit der Anfangsgeschwindigkeit v_o eine um den Winkel α geneigte Ebene hinauf und stößt gegen eine Feder mit der Federkonstanten k. Um welchen Betrag s wird die Feder maximal zusammengedrückt, wenn der Reibungseinfluß unberücksichtigt bleibt (Abb. 16.7)?
Gegeben: $m = 140,0\,\mathrm{kg}$, $g = 9,81\,\mathrm{m/s}^2$, $\alpha = 30°$,
$v_o = 5,0\,\mathrm{m/s}$, $k = 1,5\,\mathrm{kN/sm}$, $\mu \approx 0$.

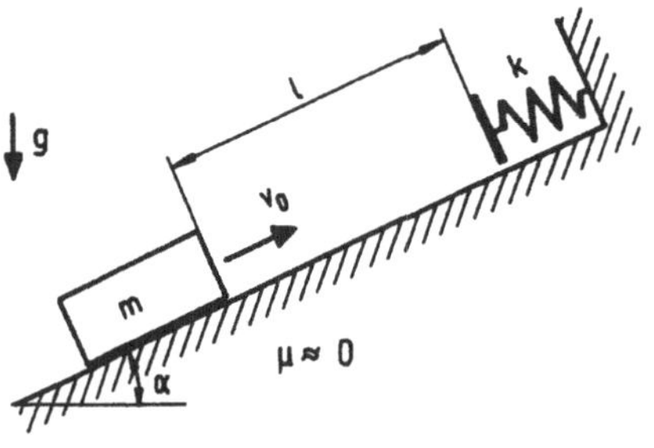

Abbildung 16.7: Energieerhaltungssatz

Da die Reibung vernachlässigt werden darf (die Formulierung „ ....die Reibung ist Null" ist unkorrekt, denn in den von uns betrachteten Räumen gibt es keine reibungsfreie Bewegung!) wird die Aufgabe mit Hilfe des Energieerhaltungssatzes gelöst.
Als Ausgangspunkt wählen wir den Anfangspunkt der Bewegung mit $v = v_o$ und als Endpunkt die Stelle der größten Federzusammendrückung. Mit der Potentiellen Energie im Schwerefeld der Erde

$$E_{\mathrm{pot}} = mgy + c$$

und der Potentiellen Energie einer Feder

$$E_{\mathrm{pot}} = \frac{1}{2}ks^2$$

lautet der Energieerhaltungssatz

$$E_{\text{kin},0} + E_{\text{pot},0} \;=\; E_{\text{kin},1} + E_{\text{pot},1}\,,$$

$$\frac{1}{2}mv_o^2 + mg \cdot 0 + c + 0 \;=\; 0 + mg(l+s)\sin\alpha + c + \frac{1}{2}ks^2\,,$$

aus dem man nach Lösen einer quadratischen Gleichung die Zusammendrückung

$$s = \frac{mg}{k}\sin\alpha\left(-1 \pm \sqrt{1 - 2l\frac{k}{mg\sin\alpha} + v_o^2\frac{k}{mg^2\sin^2\alpha}}\,\right)$$

erhält. Mit den vorgeschriebenen Zahlenwerten (man beachte die einheitliche Wahl der Maßeinheiten) ergibt sich (die Strecke s muß positiv sein)

$$s \;=\; \frac{140,0\cdot 10^{-2}\cdot 981,0}{1500,0}\cdot 0,5\Big(-1+$$

$$+\sqrt{1 - 2\cdot 120,0\frac{1500,0}{140,0\cdot 10^{-2}\cdot 981,0\cdot 0,5} + 500,0^2\frac{1500,0}{140,0\cdot 10^{-2}\cdot 981,0^2\cdot 0,5^2}}\;\Big)$$

$$= 0,46(-1 + \sqrt{1 - 524,25 + 1113,33}\,) = 0,46(-1 + 24,29) = 10,7\,\text{cm}\,.$$

Aufgabe 16.8:   Aus welcher Höhe h muß eine Punktmasse m ihre als reibungsfrei angenommene Bewegung mit der Anfangsgeschwindigkeit $v_A = 0$ beginnen, damit sie nach Verlassen der festliegenden Kreisbahn durch den Mittelpunkt des Kreises fliegt (Abb. 16.8.1)?
Gegeben: $m\,,g\,,r$.

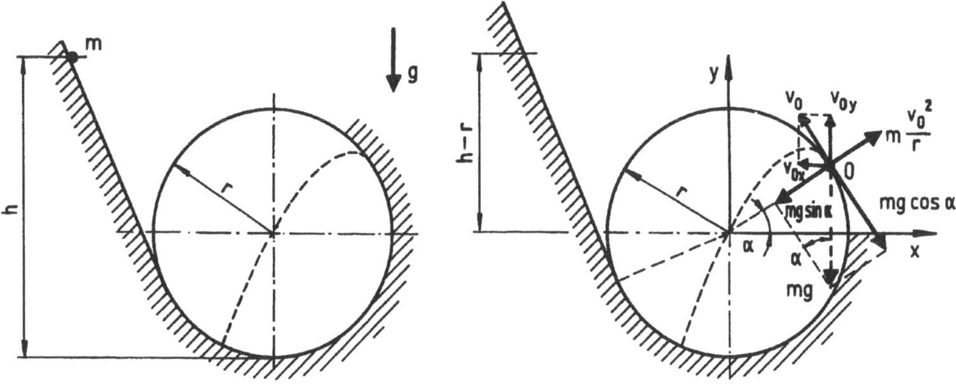

Abbildung 16.8.1: Loopingbahn   Abbildung 16.8.2: Kräftegleichgewicht

Zunächst muß der Punkt (r_{xo}, r_{yo}) gefunden werden, an dem sich die Punktmasse von der Loopingbahn löst. Das wird an der Stelle der Fall sein, an welcher Gleichgewicht zwischen der zum Kreismittelpunkt gerichteten Komponente des Eigengewichtes und der radial nach außen weisenden Zentrifugalkraft herrscht. Diese Zentrifugalkraft ist die der Zentripetalbeschleunigung v^2/r einer Kreisbewegung entsprechende D'ALEMBERTsche Trägheitskraft. (Die Führungskraft zwischen der Punktmasse und der Kreisbahn wird dann gerade Null.)

Also gilt als Ablösebedingung(Abb. 16.8.2)

$$mg \sin \alpha = m \frac{v_o^2}{r},$$

und mit den Anfangswerten

$$r_x(t=0) = r_{ox} = \quad r \cos \alpha \quad ; \quad r_y(t=0) = r_{oy} = \quad r \sin \alpha,$$

$$v_x(t=0) = v_{ox} = -v_o \sin \alpha \quad ; \quad v_y(t=0) = v_{oy} = v_o \cos \alpha$$

lauten die Bewegungsgleichungen ab der Ablösestelle

$$r_x(t) = v_{ox} t + r_{ox} \qquad\qquad = -v_o t \sin \alpha + r \cos \alpha,$$

$$r_y(t) = -\frac{1}{2} g t^2 + v_{oy} t + r_{oy} \quad = -\frac{1}{2} g t^2 + v_o t \cos \alpha + r \sin \alpha.$$

Es wird gefordert, daß die Bahnkurve durch den Koordinatenursprung verläuft. Also muß sein

$$r_x(t = \bar{t}) = 0 \quad = -v_o \bar{t} \sin \alpha + r \cos \alpha \quad \rightarrow \quad \bar{t} = \frac{r}{v_o} \cot \alpha$$

und

$$r_y(t = \bar{t}) = 0 \quad = -\frac{1}{2} g \bar{t}^2 + v_o \bar{t} \cos \alpha + r \sin \alpha$$

$$= -\frac{1}{2} g \left(\frac{r}{v_o} \cot \alpha\right)^2 + v_o \left(\frac{r}{v_o} \cot \alpha\right) \cos \alpha + r \sin \alpha$$

$$= -\frac{1}{2} g \frac{r^2}{v_o^2} \cot^2 \alpha + r \frac{1}{\sin \alpha} \quad \rightarrow \quad \sin \alpha = -\frac{v_o^2}{gr} + \sqrt{\left(\frac{v_o^2}{gr}\right)^2 + 1}.$$

Setzt man dieses Zwischenergebnis in die Ablösebedingung ein, dann erhält man

$$mg\left[-\frac{v_o^2}{gr}+\sqrt{\left(\frac{v_o^2}{gr}\right)^2+1}\,\right]=m\frac{v_o^2}{r}$$

und daraus

$$v_o^2=\frac{1}{\sqrt{3}}\,gr\qquad\text{bzw.}\qquad\sin\alpha=\frac{1}{3}\sqrt{3}\,.$$

Aus dem Energieerhaltungssatz

$$mg\,(h-r)+c\;=\;mgr_{oy}+c+\frac{1}{2}mv_o^2\,,$$

$$mgh\;=\;mgr+mgr\,\frac{1}{3}\sqrt{3}+\frac{\sqrt{3}}{6}\,mgr\;=\;(1+\frac{1}{2}\sqrt{3})mgr$$

folgt schließlich die gesuchte Höhe zu

$$h=r\Big(1+\frac{\sqrt{3}}{2}\Big)\,.$$

Aufgabe 16.9: Berechnen Sie die Geschwindigkeit der aus der Ruhelage bei $s=s_o$ herabrutschenden Kette mit der Länge l und dem Metergewicht q für den Bereich $s_o\leqq s\leqq l$. Die Reibung kann vernachlässigt werden (Abb. 16.9).

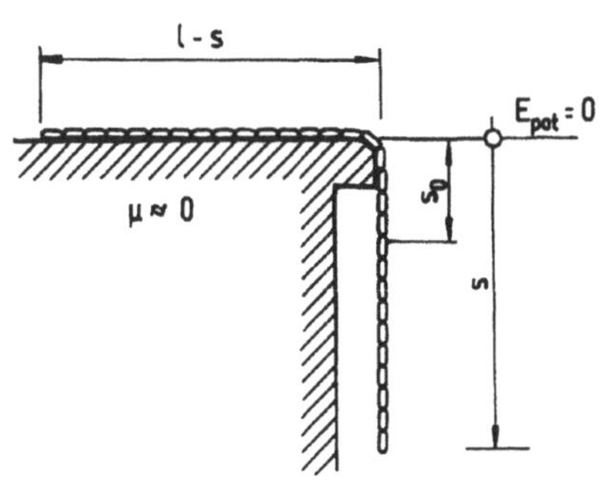

Abbildung 16.9: Herabrutschende Kette

Das mit der Länge s herabhängende Kettenstück besitzt das in seinem Schwerpunkt bei $s/2$ wirkende Gewicht $F_K=qs$.
Die Geschwindigkeit der Kette ist $v(s)$, ihre Gesamtmasse ql/g.

Wir legen die Potentiallinie $E_{\text{pot}}=0$ in die horizontale Rutschfläche. Dann kann der Energieerhaltungssatz in der Form

$$-qs_o\cdot\frac{s_o}{2}+c=-qs\cdot\frac{s}{2}+c+\frac{1}{2}\frac{ql}{g}v(s)^2$$

angeschrieben werden. Daraus erhält man die gesuchte Geschwindigkeit

$$v(s)=\sqrt{\frac{g}{l}(s^2-s_o^2)}\,,\qquad s_o\leqq s\leqq l\,.$$

17 Kinetik des Punktmassensystems

17.1 Schwerpunktsatz, Impulssatz, Arbeitssatz, Energieerhaltungssatz

Zur Lösung von Kinetik-Aufgaben mit dem Freiheitsgrad $f > 1$ steht eine Reihe von Sätzen zur Verfügung, die sich aus denen für den Freiheitsgrad $f = 1$ ableiten lassen.

Ortsvektor zum Schwerpunkt :

$$\boldsymbol{r}_S = \frac{1}{m} \sum_{i=1}^{n} m_i \boldsymbol{r}_i \quad ; \quad m = \sum_{i=1}^{n} m_i \, ,$$

Resultierende der äußeren Kräfte :

$$\boldsymbol{F} = \sum_{i=1}^{n} (\boldsymbol{F}_i + \boldsymbol{R}_i) \, ,$$

Schwerpunktsatz :

$$\boldsymbol{F} = m \, \boldsymbol{a}_S = m \, \dot{\boldsymbol{v}}_S = m \, \ddot{\boldsymbol{r}}_S \, ,$$

Impulssatz :

$$\int_{t_0}^{t_1} \boldsymbol{F} \, \mathrm{d}t = (m \, \boldsymbol{v}_S)_1 - (m \, \boldsymbol{v}_S)_0 \, ,$$

Impulserhaltungssatz :

$$[\sum_{i=1}^{n} (m_i \dot{\boldsymbol{r}}_i)]_1 = [\sum_{i=1}^{n} (m_i \dot{\boldsymbol{r}}_i)]_0 = \text{konst.} \, ,$$

Arbeitssatz :

$$W = \int_0^1 \sum_{i=1}^{n} \boldsymbol{F}_i \, \mathrm{d}\boldsymbol{r}_i + \int_0^1 \sum_{i=1}^{n} \sum_{k=1}^{n} \boldsymbol{F}_{ik} \, \mathrm{d}\boldsymbol{r}_i$$

$$= E_{\text{kin},1} - E_{\text{kin},0} \, ,$$

Kinetische Gesamtenergie :

$$E_{\text{kin}} = \sum_{i=1}^{n} E_{\text{kin},i} = \sum_{i=1}^{n} \frac{1}{2} m_i v_i^2 \, ,$$

Energieerhaltungssatz :

$$E_{\text{kin},0} + E_{\text{pot},a0} + E_{\text{pot},i0} = E_{\text{kin},1} + E_{\text{pot},a1} + E_{\text{pot},i1} = \text{konst.} \, ,$$

Potentielle Energie der äußeren Kräfte : $\quad E_{\text{pot},a} \, ,$

Potentielle Energie der inneren Kräfte : $\quad E_{\text{pot},i} \quad (\text{Federkraftfelder}) \, .$

Bei der Bearbeitung von Mechanik-Aufgaben, in denen Punktmassensysteme berechnet werden, muß man sich für eine Lösungsmethode entscheiden. Ist nicht nach einer Zeitabhängigkeit kinematischer Größen gefragt, wird der *Arbeitssatz* bzw. – wenn die Reibung vernachlässigt werden darf – der *Energieerhaltungssatz* zum Ziel führen. Aus dem *Impulserhaltungssatz* folgen Geschwindigkeiten oder auch Größen von Massen.

Aufgabe 17.1: Bei einem PKW-Zusammenstoß fährt ein Auto (Masse m_1) auf gerader Strecke auf ein zweites (Masse m_2) auf, das ungebremst geparkt ist. Unmittelbar nach dem Zusammenstoß bewegen sich beide Fahrzeuge mit gleicher Geschwindigkeit. Während der hintere PKW abgebremst werden kann, rollt der vordere die Strecke l bis zum Stillstand. Den Rollwiderstand bei langsamer Fahrt findet man aus $F_W = \mu_R m g$. Bei welcher Geschwindigkeit v_1 erfolgte der Zusammenstoß?

Gegeben: $m_1 = 1200,0\,\mathrm{kg}$, $m_2 = 1000,0\,\mathrm{kg}$, $g = 9,81\mathrm{m/s}^2$,
$l = 60,0\,\mathrm{m}$, $\mu_R = 0,015$ (Betonstraße).

Zunächst berechnet man mit Hilfe des Energieerhaltungssatzes die gemeinsame Geschwindigkeit v_A beider Fahrzeuge unmittelbar nach dem Zusammenstoß:

$$(\sum_{i=1}^{n} m_i v_i)_1 = (\sum_{i=1}^{n} m_i v_i)_0 = \text{konst.},$$

$$(m_1 + m_2)v_A = m_1 v_1 + m_2 \cdot 0 \qquad \rightarrow \qquad v_A = \frac{m_1}{m_1 + m_2}\, v_1.$$

Diese Geschwindigkeit v_A ist gleich der Anfangsgeschwindigkeit $v_{1,0}$ der Masse m_2 für den anschließenden Bremsvorgang, der mit der Geschwindigkeit $v_{2,1} = 0$ beendet ist. Wir bestimmen aus dem Arbeitssatz

$$W = \int\limits_0^1 F\,\mathrm{d}s = E_{\mathrm{kin},1} - E_{\mathrm{kin},0}\,,$$

$$-\int\limits_0^l \mu_R\, m_2 g\,\mathrm{d}s = \quad 0 \quad - \frac{m_2}{2} v_A^2 = \frac{m_2 m_1^2}{2(m_1 + m_2)^2}\, v_1^2\,,$$

$$\mu_R\, m_2 g l = \frac{m_2 m_1^2}{2(m_1 + m_2)^2}\, v_1^2\,,$$

$$v_1 = \frac{m_1 + m_2}{m_1} \sqrt{2\mu_R g l} = \frac{(1,2 + 1,0)10^3}{1,2 \cdot 10^3} \sqrt{2 \cdot 0,015 \cdot 9,81 \cdot 60,0}$$

$$= 7,70\, \frac{\mathrm{m}}{\mathrm{s}} = 27,7\, \frac{\mathrm{km}}{\mathrm{h}}\,.$$

Aufgabe 17.2: Um welchen Betrag s muß eine zwischen zwei Punktmassen m_1 und m_2 angebrachte Feder (Federkonstante k) vorgespannt werden, damit die Punktmasse m_1 nach Lösen der Verbindung die Geschwindigkeit v_1 erhält (Abb. 17.2)? Der Einfluß der Reibung darf vernachlässigt werden.

In dieser Aufgabe sind die Federzusammendrückung s und zuvor die Geschwindigkeit v_2 der Masse m_2 nach Lösen der Verbindung gesucht. Die zwei dazu zur Verfügung stehenden Gleichungen sind der Impulssatz und der Energieerhaltungssatz.

Aus dem Impulssatz folgt sofort die Geschwindigkeit v_2

$$m_1 v_1 + m_2 v_2 = 0 \,,$$

$$v_2 = -\frac{m_1}{m_2} v_1 \,,$$

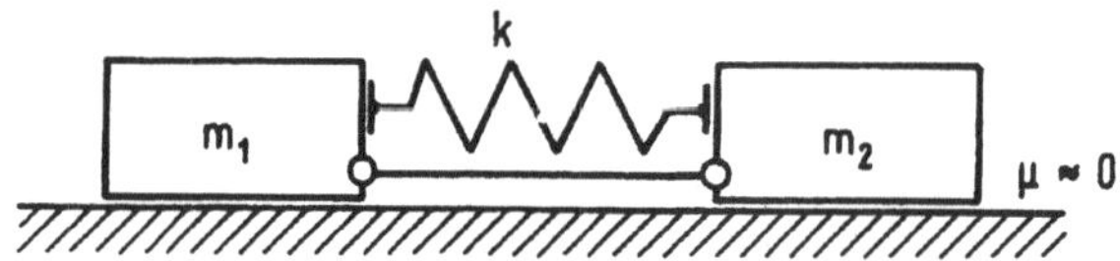

Abbildung 17.2: Vorgespannte Feder

die der Geschwindigkeit v_1 entgegengesetzt gerichtet ist.

Damit liefert der Energieerhaltungssatz

$$\frac{1}{2} k s^2 = \frac{1}{2} m_1 v_1^2 + \frac{1}{2} m_2 v_2^2 = \frac{1}{2}\Big[m_1 v_1^2 + m_2\big(-\frac{m_1}{m_2} v_1\big)^2\Big] = \frac{1}{2} m_1 \big(1 + \frac{m_1}{m_2}\big) v_1^2$$

die notwendige Zusammendrückung der Feder

$$s = v_1 \sqrt{\frac{m_1}{k}\big(1 + \frac{m_1}{m_2}\big)} \,.$$

Aufgabe 17.3: Zwei Punktmassen (Größe m) sind durch eine gewichtslose Stange (Länge l) miteinander verbunden und rutschen aus der Ruhelage heraus längs einer Führung (Abb. 17.3.1) herab. Es ist nur der Bereich $0 \overset{\le}{=} s_1 \overset{\le}{=} l$ bzw. $0 \overset{\le}{=} s_2 \overset{\le}{=} l$ zu untersuchen. Die Reibung kann vernachlässigt werden.
Gegeben: m, l, α, g.
Gesucht : 1. Der Zusammenhang zwischen den Bewegungskoordinaten s_1, s_2 der beiden Punktmassen.
2. Die Geschwindigkeiten v_1, v_2 der beiden Punktmassen als Funktion der zurückgelegten Wege.

Diese Aufgabe stammt aus der *Getriebelehre (Mechanismentechnik)* und gehört zu den wenigen, in denen eine *Koppelbewegung* mit einfachen mathematischen Mitteln berechnet werden kann. Trennt man die beiden Punktmassen von ihren Führungen und der Koppelstange, so liegt zunächst der Freiheitsgrad $f = 2 \cdot 2 = 4$ vor. Die beiden

Führungen und die starre Verbindung vermindern jedoch den Freiheitsgrad um den *Bindungsgrad* $2 \cdot 1 + 1 = 3$, so daß schließlich nur noch der *Elementfreiheitsgrad* $f = 4 - 3 = 1$ vorhanden ist. Zunächst sollen die geometrischen Beziehungen zwischen den Koordinaten s_1 und s_2 hergestellt werden (Abb. 17.3.2).

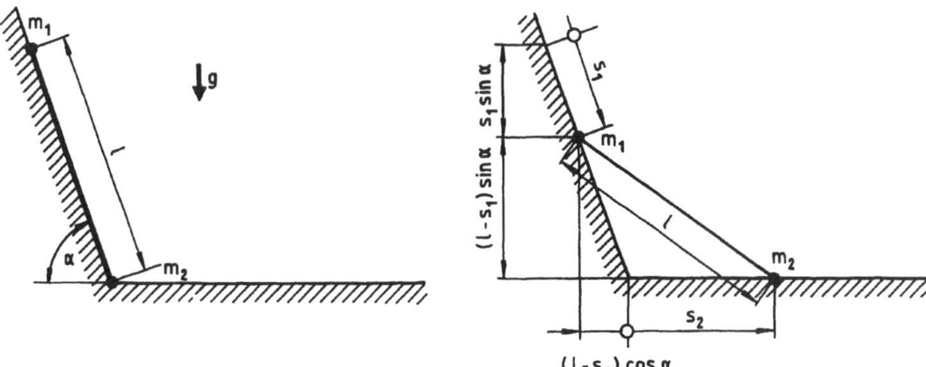

Abbildung 17.3.1: Koppelstange   Abbildung 17.3.2: Koppelgeometrie

Man löst die geometrische Beziehung

$$[(l - s_1)\sin\alpha]^2 + [(l - s_1)\cos\alpha + s_2]^2 = l^2$$

nach s_1 bzw. s_2 auf und erhält nach kurzer Zwischenrechnung mit $\xi = \dfrac{s_1}{l}$ und $\eta = \dfrac{s_2}{l}$

$$s_1 = l + s_2\cos\alpha - \sqrt{l^2 - s_2^2\sin^2\alpha}\,,$$

$$\xi = 1 + \eta\cos\alpha - \sqrt{1 - \eta^2\sin^2\alpha}$$

bzw.

$$s_2 = -(l - s_1)\cos\alpha + \sqrt{(l - s_1)^2\cos^2\alpha + s_1(2l - s_1)}\,,$$

$$\eta = -(1 - \xi)\cos\alpha + \sqrt{(1 - \xi)^2\cos^2\alpha + \xi(2 - \xi)}\,.$$

Die Vorzeichen der Wurzelausdrücke wurden dabei so gewählt, daß sich für $s_2 = 0$ bzw. $s_1 = 0$ die zugehörigen Koordinatenwerte $s_1 = 0$ bzw. $s_2 = 0$ ergeben.
(*Anmerkung*: Andere Kombinationen der Wurzelvorzeichen treten auf, wenn diese Geometrie zu einem *Doppelschieber* ergänzt wird.)

Den Zusammenhang entsprechender Geschwindigkeiten bestimmt man durch Differentiation vorstehender Beziehungen nach der Zeit in der Form

$$\dot{s}_1 = v_1 = v_2 \left[\cos\alpha + \frac{s_2 \sin^2\alpha}{\sqrt{l^2 - s_2^2 \sin^2\alpha}} \right],$$

$$\dot{\xi} = \dot{\eta} \left[\cos\alpha + \frac{\eta \sin^2\alpha}{\sqrt{1 - \eta^2 \sin^2\alpha}} \right]$$

bzw.

$$\dot{s}_2 = v_2 = v_1 \left[\cos\alpha + \frac{(l - s_1) \sin^2\alpha}{\sqrt{(l - s_1)^2 \cos^2\alpha + s_1(2l - s_1)}} \right],$$

$$\dot{\eta} = \dot{\xi} \left[\cos\alpha + \frac{(1 - \xi) \sin^2\alpha}{\sqrt{(1 - \xi)^2 \cos^2\alpha + \xi(2 - \xi)}} \right].$$

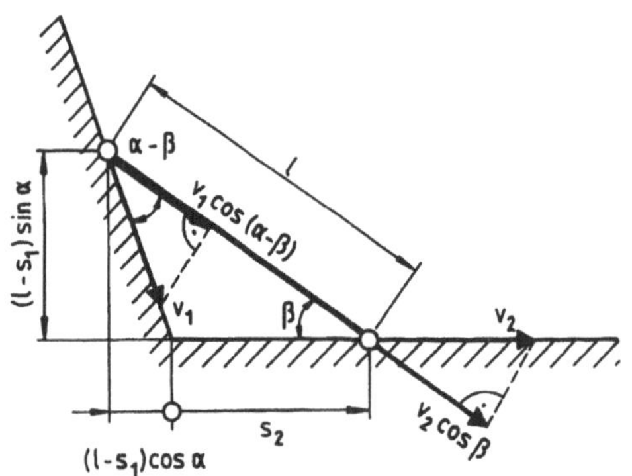

Abbildung 17.3.3: Projektionssatz

An dieser Stelle sei eingefügt, daß sich diese Beziehung zwischen v_2 und v_1 auch aus dem *Projektionssatz* der *Mechanismentechnik* ableiten läßt. Danach müssen bei einem starren Getriebeelement die Projektionen der Geschwindigkeiten zweier Punkte auf die Verbindungslinie dieser beiden Punkte gleich groß sein, da sich der Abstand dieser beiden Punkte bei der Bewegung nicht verändern darf (Abb. 17.3.3).

Wir lesen also

$$v_1 \cos(\alpha - \beta) = v_2 \cos\beta$$

ab und erhalten mit den Winkelfunktionen

$$\sin\beta = \left(1 - \frac{s_1}{l}\right) \sin\alpha \qquad = (1 - \xi) \sin\alpha,$$

$$\cos\beta = \frac{s_2}{l} + \left(1 - \frac{s_1}{l}\right) \cos\alpha = \eta + (1 - \xi) \cos\alpha$$

zunächst

$$v_1[\eta\cos\alpha + (1-\xi)] = v_2[\eta + (1-\xi)\cos\alpha]\,.$$

Mit Hilfe der Beziehung

$$\eta = -(1-\xi)\cos\alpha + \sqrt{(1-\xi)^2\cos^2\alpha + \xi(2-\xi)}$$

folgt daraus

$$v_1[-(1-\xi)\cos^2\alpha + \cos\alpha\sqrt{(1-\xi)^2\cos^2\alpha + \xi(2-\xi)} + (1-\xi)]$$

$$= v_1[(1-\xi)\sin^2\alpha + \cos\alpha\sqrt{(1-\xi)^2\cos^2\alpha + \xi(2-\xi)}$$

$$= v_2\sqrt{(1-\xi)^2\cos^2\alpha + \xi(2-\xi)}$$

und damit erneut

$$v_2 = v_1\left[\cos\alpha + \frac{(l-s_1)\sin^2\alpha}{\sqrt{(l-s_1)^2\cos^2\alpha + s_1(2l-s_1)}}\right]\,.$$

Nun formulieren wir den Energieerhaltungssatz (Abb. 17.3.2)

$$mgl\sin\alpha = mg(l-s_1)\sin\alpha + \frac{1}{2}mv_1^2 + \frac{1}{2}mv_2^2$$

und finden mit der vorstehenden Funktion für v_2 das Geschwindigkeitsquadrat

$$v_1^2 = 2gs_1\sin\alpha - v_2^2$$

$$= 2gs_1\sin\alpha - v_1^2\left[\cos\alpha + \frac{(l-s_1)\sin^2\alpha}{\sqrt{(l-s_1)^2\cos^2\alpha + s_1(2l-s_1)}}\right]^2,$$

$$v_1^2 = 2g\sin\alpha\,\frac{s_1}{1 + \left[\cos\alpha + \dfrac{(l-s_1)\sin^2\alpha}{\sqrt{(l-s_1)^2\cos^2\alpha + s_1(2l-s_1)}}\right]^2}$$

oder auch

$$v_1^2 = 2gl \sin\alpha \; \frac{\xi}{1 + \left[\cos\alpha + \dfrac{(1-\xi)\sin^2\alpha}{\sqrt{(1-\xi)^2\cos^2\alpha + \xi(2-\xi)}}\right]^2} \; .$$

Für das Quadrat der Geschwindigkeit v_2 berechnet man analog

$$v_2^2 = 2gs_1 \sin\alpha - v_1^2$$

$$= 2g\left(l + s_2\cos\alpha - \sqrt{l^2 - s_2^2\sin^2\alpha}\right)\sin\alpha - v_2^2\left(\cos\alpha + \frac{s_2\sin^2\alpha}{\sqrt{l^2 - s_2^2\sin^2\alpha}}\right)^2 ,$$

$$v_2^2 = 2g \sin\alpha \; \frac{l + s_2\cos\alpha - \sqrt{l^2 - s_2^2\sin^2\alpha}}{1 + \left(\cos\alpha + \dfrac{s_2\sin^2\alpha}{\sqrt{l^2 - s_2^2\sin^2\alpha}}\right)^2}$$

oder auch

$$v_2^2 = 2gl \sin\alpha \; \frac{1 + \eta\cos\alpha - \sqrt{1 - \eta^2\sin^2\alpha}}{1 + \left(\cos\alpha + \dfrac{\eta\sin^2\alpha}{\sqrt{1 - \eta^2\sin^2\alpha}}\right)^2} \; .$$

Die Resultate in Form der Quadrate der Geschwindigkeiten sind ausreichend. Für zwei Speziallagen sollen die Ergebnisse abschließend ausgewertet werden. Es gilt an den Stellen

$$s_1 = 0 \; ; \; s_2 = 0 : \qquad v_1^2 = 0 \qquad\qquad ; \qquad v_2^2 = 0 ,$$

$$s_1 = l \; ; \; s_2 = l : \qquad v_1^2 = 2gl\frac{\sin\alpha}{1 + \cos^2\alpha} \qquad ; \qquad v_2^2 = 2gl\frac{\sin\alpha\cos^2\alpha}{1 + \cos^2\alpha} \; .$$

(Die Summe $v_1^2 + v_2^2 = 2gl \sin\alpha$ für $s_1 = s_2 = l$ muß natürlich wegen des Energieerhaltungssatzes herauskommen, da in dieser Lage $E_{\text{pot}} = 0$ ist.)

Diese Aufgabe ist recht umfangreich und wird kaum in einer Klausur gestellt werden. Man kann daran aber gut kinematische Vorgänge studieren, vor allen dann, wenn man die verschiedenen Vorzeichen-Kombinationen der Wurzeln hinsichtlich ihrer Auswirkungen auf die Bewegung eines *Doppelschiebers* untersucht. Diesen erhält man, wenn die beiden Gleitwege in Abb.17.3.1 nach unten bzw. nach links verlängert werden.

17.2 Prinzip von D'Alembert

Das Anwendungsgebiet des *Prinzips von* D'ALEMBERT sind in erster Linie *geführte* oder *gebundene Bewegungen*, bei denen sich einzelne Punktmassen oder Punktmassensysteme auf vorgeschriebenen Bahnen oder Flächen bewegen müssen. Das Prinzip besagt, daß *dynamische Hilfskräfte* bzw. – im studentischen Sprachgebrauch – D'ALEMBERT*sche Trägheitskräfte entgegengesetzt zu den positiven Beschleunigungsrichtungen* eingezeichnet werden und dann zusammen mit den äußeren eingeprägten Kräften eine Gleichgewichtsgruppe bilden müssen. Eine wichtige Rolle spielen dabei die *generalisierten* oder *verallgemeinerten Koordinaten,* die so zu wählen sind, daß sie den Bewegungsmöglichkeiten der Punktmasse (des Punktmassensystems) entsprechen, und deren Anzahl mit der Größe des Freiheitsgrades der Punktmasse (des Punktmassensystems) übereinstimmt.

Aufgabe 17.4: Das in Abb. 17.4.1 dargestellte Punktmassensystem bewegt sich unter der Wirkung einer konstanten Kraft F. Gesucht sind die Beschleunigung des Systems und die Kraft in dem als masselos anzunehmenden Verbindungsseil. Die Masse der Umlenkrolle darf ebenfalls vernachlässigt werden.

Gegeben: m_1, m_2, F, g, α, μ_1, μ_2.

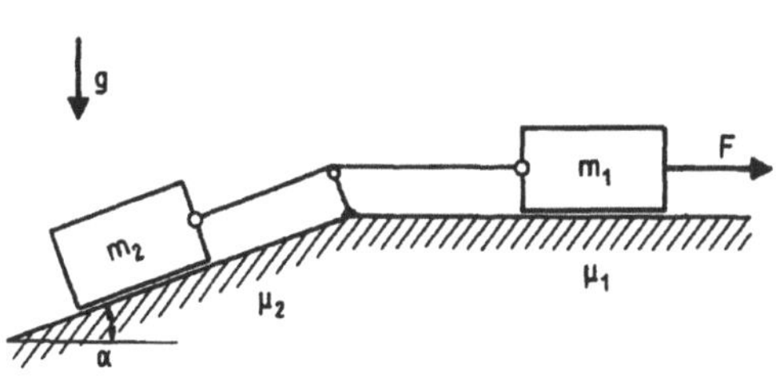

Abbildung 17.4.1: Punktmassensystem

Wir schneiden das Seil auf und zeichnen an den Schnittufern jeweils die Seilkraft ein. Diese muß an allen Schnittufern die gleiche Größe haben. Auch die Richtungsänderung an der masselosen Umlenkrolle ändert nichts an ihrer Größe, wie man durch eine Momentengleichgewichtsbedingung um den Rollenmittelpunkt sofort nachprüfen kann (Abb. 17.4.2).

Da das als masselos betrachtete Seil auch undehnbar ist, bewegen sich beide Massen stets um die gleiche Strecke. Demzufolge besitzt das Punktmassensystem den Freiheitsgrad $f = 1$. In der Annahme, daß sich das System nach rechts bewegt, wird als generalisierte Koordinate entsprechend der Bewegungsmöglichkeit die Koordinate s gewählt. Weiterhin werden die sich aus den Normalstützkräften ergebenden COU-LOMBschen Reibungskräfte $\mu_1 m_1 g$ und $\mu_2 m_2 g \cos \alpha$ eingetragen. Als letztes zeichnet man die dynamischen Hilfskräfte $m_1\ddot{s}$, $m_2\ddot{s}$ entgegengesetzt zur positiven Beschleunigung $\ddot{s}$ ein.

Nun folgen aus den Gleichgewichtsbedingungen für alle Kräfte an den Punktmassen m_1 und m_2

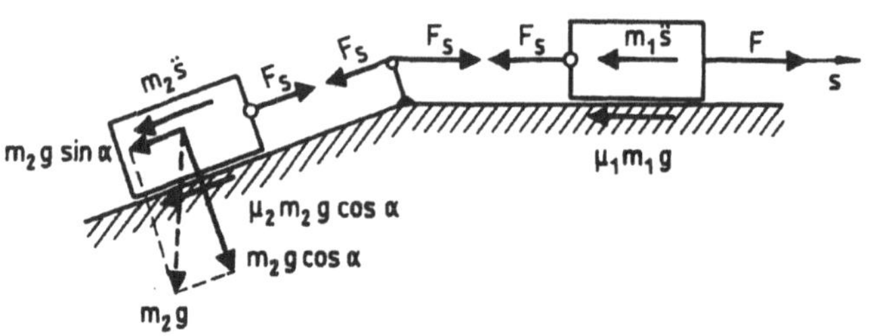

Abbildung 17.4.2: Freigeschnittenes System

$$\sum_{(i)} F_{iH} = 0 \quad : \quad F - m_1 \ddot{s} - F_S - \mu_1 m_1 g = 0 \,,$$

$$\nearrow \sum_{(i)} F_i = 0 \quad : \quad F_S - m_2 \ddot{s} - m_2 g \sin\alpha - \mu_2 m_2 g \cos\alpha = 0 \,.$$

Eliminiert man aus diesen Gleichungen die Seilkraft F_S, so erhält man

$$\ddot{s}(t) = \frac{F}{m_1 + m_2} - \frac{g}{m_1 + m_2}\left[\mu_1 m_1 + m_2(\sin\alpha + \mu_2 \cos\alpha)\right].$$

Ist die Kraft F zu klein, dann wird die Beschleunigung negativ (oder im Grenzfall sogar Null!), und das System bewegt sich nach links (bzw. mit $v = $ konst.).

Diese Beschleunigung wird in eine der vorstehenden Gleichgewichtsbedingungen eingesetzt (Kontrolle möglich!). Das führt zu der gesuchten Seilkraft

$$F_S = \frac{m_2}{m_1 + m_2} F + \frac{m_1 m_2}{m_1 + m_2} g(-\mu_1 + \sin\alpha + \mu_2 \cos\alpha)\,.$$

Aufgabe 17.5:   Stellen Sie für das gegebene Punktmassensystem die Bewegungsdifferentialgleichungen auf. Die Masse der Pendelstange und die Reibung können vernachlässigt werden (Abb. 17.5.1).

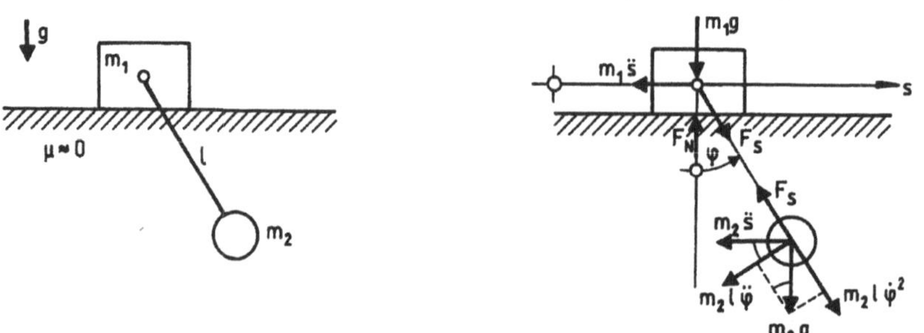

Abbildung 17.5.1: Punktmassensystem   Abbildung 17.5.2: Freigeschnittenes System

Dieses Punktmassensystem hat den Freiheitsgrad $f = 2$. Wir wählen die Koordinate s für die horizontale Bewegung der Masse m_1 und den Winkel φ für die Pendelbewegung der Masse m_2 (relativ zur Masse m_1) als generalisierte Koordinaten.

Nach dem Freischneiden der Pendelstange bereitet das Eintragen der Stabkraft F_S, der Normalkraft F_N und der Eigengewichtskräfte m_1g, m_2g kaum Schwierigkeiten (Abb. 17.5.2).

Etwas komplizierter ist die richtige Bestimmung der dynamischen Hilfsgrößen. Hier hilft oft folgendes Vorgehen: Man „arretiert" alle Bewegungsmöglichkeiten bis auf eine und zeichnet dann die auftretenden Trägheitskräfte ein usf. Für „festgehaltenes" φ wirken auf beide Massen die Trägheitskräfte $m_1\ddot{s}$ und $m_2\ddot{s}$. Diese werden eingetragen. Dann „arretiert" man die Bewegungskoordinate s und läßt die Punktmasse m_2 schwingen. Sie beschreibt eine Kreisbahn mit dem Radius l. Bei einer Kreisbewegung gibt es eine *Tangentialbeschleunigung* $a_t = l\ddot{\varphi}$ und eine *Normalbeschleunigung* $a_n = l\dot{\varphi}^2$. Zu ihnen gehören die dynamischen Hilfskräfte $m_2l\ddot{\varphi}$ und $m_2l\dot{\varphi}^2$, die *entgegengesetzt* zu den positiven Beschleunigungsrichtungen an der Masse m_2 eingezeichnet werden müssen. Damit sind alle Kräfte in der Abbildung des freigeschnittenen Systems vorhanden.

Da in der Aufgabenstellung nicht nach der Stabkraft F_S und der Normalkraft F_N gefragt ist, wählt man als Gleichgewichtsbedingungen solche, in denen diese Kräfte nicht auftreten. Dies sind die Gleichgewichtsbedingung aller horizontalen Kräfte am Gesamtsystem

$$\sum_{(i)} F_{iH} = 0 \quad : \quad -m_1\ddot{s} - m_2\ddot{s} - m_2l\ddot{\varphi}\cos\varphi + m_2l\dot{\varphi}^2\sin\varphi = 0$$

und die Gleichgewichtsbedingung aller Kräfte an der Masse m_2 in tangentialer Richtung

$$\sum_{(i)} F_{iT} = 0 \quad : \quad -m_2\ddot{s}\cos\varphi - m_2l\ddot{\varphi} - m_2g\sin\varphi = 0 \,.$$

Etwas umgeformt erhält man das Ergebnis

$$(m_1 + m_2)\ddot{s} + m_2l\ddot{\varphi}\cos\varphi - m_2l\dot{\varphi}^2\sin\varphi = 0 \,,$$

$$\ddot{s}\cos\varphi + l\ddot{\varphi} + g\sin\varphi = 0 \,.$$

Dies ist ein nichtlineares Differentialgleichungssystem für die beiden Variablen s und φ, dessen Lösung natürlich den Umfang einer Mechanikklausur-Aufgabe beträchtlich überschreitet.

Wir wollen trotzdem untersuchen, unter welchen Bedingungen und wie ein derartiges Differentialgleichungssystem mit einfachen mathematischen Verfahren weiter bearbeitet werden kann. Dazu muß man das System zunächst „linearisieren", das heißt, man nimmt an, daß der Ausschlagwinkel φ klein ist und deshalb $\sin\varphi \approx \varphi$ und $\cos\varphi \approx 1$ geschrieben werden darf (mathematisch bedeutet das, man entwickelt den $\sin\varphi$ bzw. den $\cos\varphi$ in eine Potenzreihe und bricht diese nach dem ersten Glied ab). Weiterhin vernachlässigt man alle quadratischen Glieder im Differentialgleichungssystem, man läßt also den Term $m_2 l \dot{\varphi}^2 \sin\varphi$ weg. Dann vereinfacht sich das System zu

$$(m_1 + m_2)\ddot{s} + m_2 l \ddot{\varphi} = 0\,,$$

$$\ddot{s} + l\ddot{\varphi} + g\varphi = 0\,,$$

und wenn man aus der zweiten DGL die zweite Ableitung $\ddot{s}$ ausrechnet und in die erste einsetzt, ergibt sich

$$\ddot{s} = -l\ddot{\varphi} - g\varphi \quad \rightarrow \quad (1 + \frac{m_1}{m_2})(-l\ddot{\varphi} - g\varphi) + l\ddot{\varphi} = 0\,,$$

$$\ddot{\varphi} + (1 + \frac{m_2}{m_1})\frac{g}{l}\varphi = 0\,.$$

Das ist eine lineare DGL 2. Ordnung mit der Lösung

$$\varphi(t) = c_1 \cos\sqrt{\frac{g}{l}(1 + \frac{m_2}{m_1})}\,t + c_2 \sin\sqrt{\frac{g}{l}(1 + \frac{m_2}{m_1})}\,t\,,$$

wovon man sich sofort durch zweimaliges Ableiten nach der Zeit und Einsetzen in die DGL überzeugen kann. In der *Technischen Schwingungslehre* ist es üblich, für

$$\sqrt{\frac{g}{l}(1 + \frac{m_2}{m_1})} = \omega$$

zu schreiben und diese Größe *Eigenkreisfrequenz* zu nennen. Dann lautet die Lösung für die Koordinate $\varphi(t)$ mit den beiden Integrationskonstanten c_1 und c_2

$$\varphi(t) = c_1 \cos\omega t + c_2 \sin\omega t\,.$$

Mit diesem Ergebnis erhält man aus dem Differentialausdruck für s nach zweimaliger Integration und mit zwei weiteren Konstanten c_3, c_4 die gesuchte Koordinate $s(t)$

$$\dot{s} = g\frac{m_2}{\omega m_1}(c_1 \sin\omega t - c_2 \cos\omega t) + c_3\,,$$

$$s(t) = -\frac{m_2 l}{m_1 + m_2}(c_1 \cos\omega t + c_2 \sin\omega t) + c_3 t + c_4\,.$$

18   Kinetik des starren Körpers

18.1   Schwerpunktsatz, Impulssatz, Drehimpulssatz

Der *starre Körper* kommt bei den Modellvorstellungen der *Technischen Mechanik* (Punktmasse, Punktmassensystem, starrer Körper) der realen Welt am nächsten. Er hat im Gegensatz zur Punktmasse räumliche Abmessungen und kann sich deswegen nicht nur verschieben, sondern auch drehen. Demzufolge bewegt er sich im dreidimensionalen Raum mit dem Freiheitsgrad $f = 6$ (3 Verschiebungen in Richtung der Koordinatenachsen und 3 Drehungen um die Koordinatenachsen). Da wir uns aber nur auf *ebene Bewegungen* beschränken wollen, liegt der Freiheitsgrad $f = 3$ vor (2 Verschiebungen und 1 Drehung).

Für die Lösung von Aufgaben aus diesem Gebiet stehen folgende Formeln zur Verfügung:

$$\textit{Gesamtmasse}: \qquad m = \int\limits_{(m)} \mathrm{d}m = \sum_{i=1}^{n} m_i\,,$$

$$\textit{Ortsvektor zum Schwerpunkt}: \quad \boldsymbol{r}_S = \frac{1}{m}\int\limits_{(m)} \boldsymbol{r}\,\mathrm{d}m = \frac{1}{m}\sum_{i=1}^{n} m_i \boldsymbol{r}_{Si}\,,$$

$$\textit{Ebenes Geschwindigkeitsfeld}: \quad \boldsymbol{v}(t) = \boldsymbol{v}_S(t) + \omega(t)[-\bar{r}_y(t)\boldsymbol{e}_x + \bar{r}_x(t)\boldsymbol{e}_y]\,,$$

$$\textit{Ebenes Beschleunigungsfeld}: \quad \boldsymbol{a}(t) = \dot{\boldsymbol{v}}_S(t) + \bar{r}[\dot{\omega}(t)\boldsymbol{e}_t(t) + \omega^2(t)\boldsymbol{e}_n(t)]\,,$$

$$\textit{Schwerpunktsatz}: \qquad \boldsymbol{F} = m\,\boldsymbol{a}_S = m\,\dot{\boldsymbol{v}}_S = m\,\ddot{\boldsymbol{r}}_S\,,$$

$$\textit{Impulssatz}: \qquad \int\limits_{t_0}^{t_1} \boldsymbol{F}\,\mathrm{d}t = (m\,\boldsymbol{v}_S)_1 - (m\,\boldsymbol{v}_S)_0\,,$$

$$\textit{Drehimpulssatz}: \qquad M_S = J_S \alpha = J_S \dot{\omega} = J_S \ddot{\varphi}\,,$$

$$\textit{Massenmoment 2. Grades}: \qquad J_C = \int\limits_{(m)} q^2\,\mathrm{d}m\,,$$

$$\textit{Satz von } \text{STEINER}: \qquad J_S = J_C - s^2 m\,.$$

In der *Kinematik des starren Körpers* wird gezeigt, daß bei einer ebenen Bewegung der Geschwindigkeits- und Beschleunigungszustand jedes Punktes des starren Körpers festliegen, wenn man die beiden Komponenten v_{Sx} und v_{Sy} des *Geschwindigkeitsvektors des Körperschwerpunktes* und die *Winkelgeschwindigkeit* ω der Drehung um den Körperschwerpunkt kennt. Diese drei Größen entsprechen dem Freiheitsgrad $f = 3$.

Bei den vorstehenden Formeln bedeuten $\bar{r}_x(t)$, $\bar{r}_y(t)$ die Komponenten des Abstandsvektors eines Körperpunktes vom Gesamtschwerpunkt S (zeitabhängig deswegen, weil sich die Lage des Vektors $\bar{r}$ ändert; seine Länge $|\bar{r}| = \bar{r}$ bleibt bei einem starren Körper natürlich konstant). Die Vektoren e_x, e_y, $e_t(t)$ und $e_n(t)$ sind Einheitsvektoren.

Das *Massenmoment 2. Grades* J_C (auch *Massenträgheitsmoment*) ist bei konstanter Dichte ϱ eine auf eine vorgegebene Achse bezogene geometrische Größe des starren Körpers (analog dem Flächenmoment 2. Grades bei Flächen). Es gilt der *Satz von* STEINER mit s als dem Abstand der beiden parallelen Bezugsachsen.

Aufgabe 18.1: An der Welle des Rotors einer Axialkolbenpumpe greift ein konstantes Moment M_S an (Abb. 18.1). Wie groß muß M_S sein, damit der Rotor aus dem Ruhezustand nach t_1 Sekunden die Winkelgeschwindigkeit ω_1 erreicht? Mit welcher Drehzahl n_1 wird sich der Rotor nach t_1 Sekunden drehen?
Gegeben: $l = 20,0\,\text{cm}$, $b = 15,0\,\text{cm}$, $D = 12,0\,\text{cm}$,
$d = 2,5\,\text{cm}$, $e = 3,5\,\text{cm}$, $\varrho = 7,5\,\text{g/cm}^3$,
$t_1 = 2,0\,\text{s}$, $\omega_1 = 30,0\,\text{1/s}$.

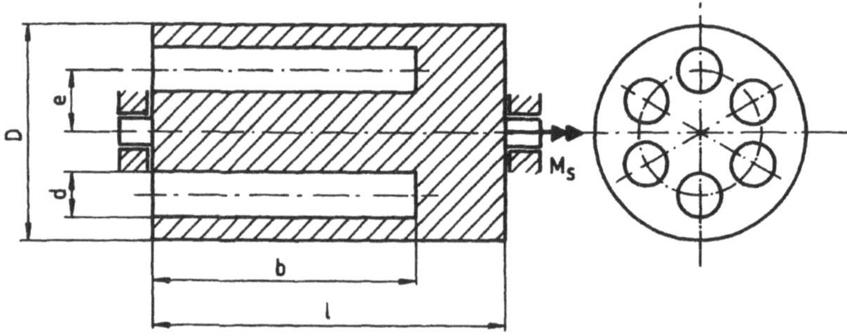

Abbildung 18.1: Axialkolbenpumpe

Diese Aufgabe wird mit dem *Drehimpulssatz*

$$M_S = J_S\ddot{\varphi}$$

gelöst. Dazu benötigen wir das Massenmoment 2. Grades für den Körper, welches mit den Beträgen aus Tafel 3 bei Beachtung des Satzes von STEINER die Größe

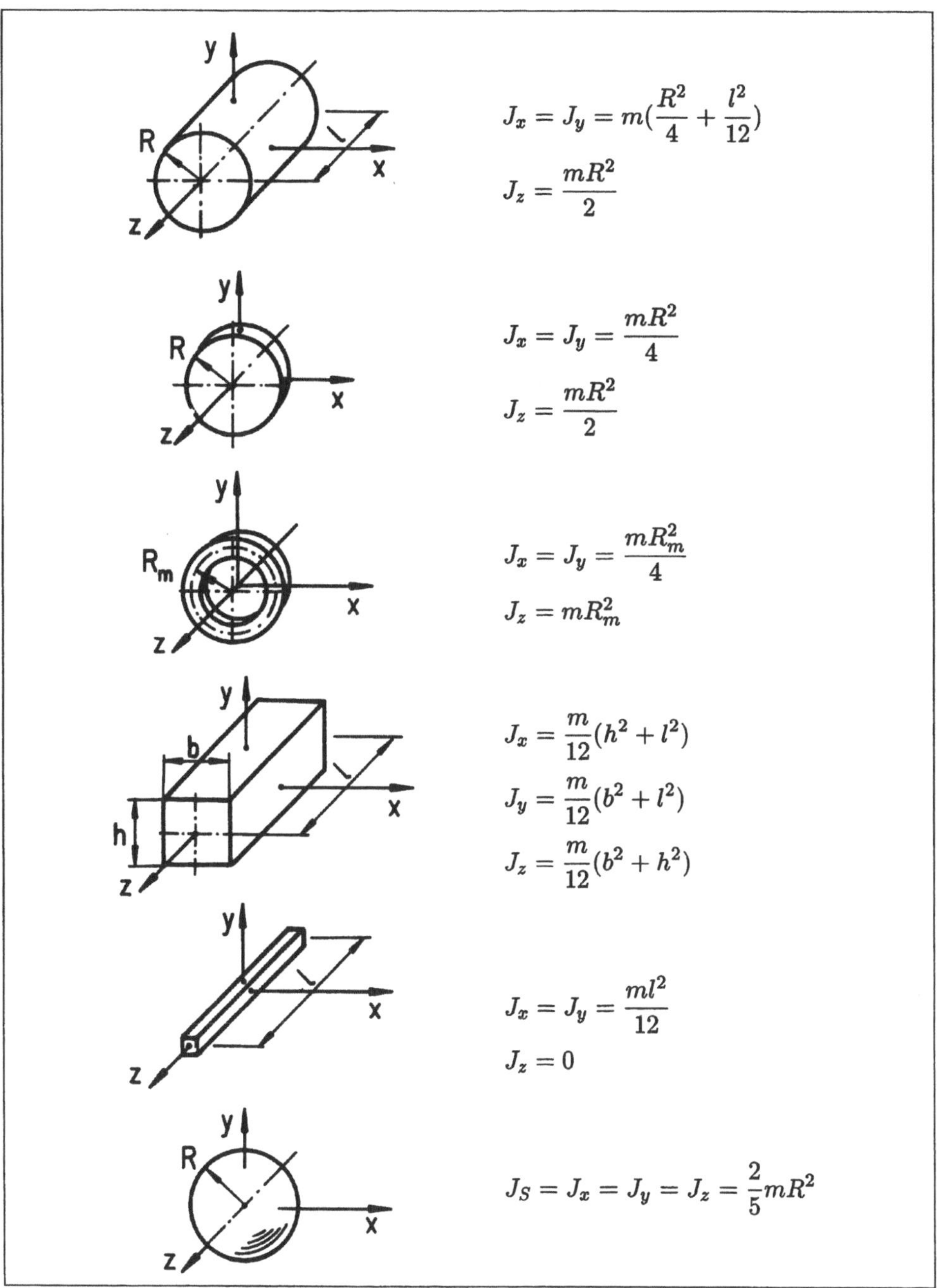

Tafel 3: Massenmomente 2. Grades für einfache Körper

$$J_S = \frac{MR^2}{2} - 6\left(\frac{mr^2}{2} + me^2\right)$$

$$= \left[\frac{1}{2}\pi R^2 l \cdot R^2 - 6\left(\frac{1}{2}\pi r^2 b \cdot r^2 + \pi r^2 b \cdot e^2\right)\right]\varrho = \frac{\pi\varrho}{2}\{R^4 l - 6[r^2 b(r^2 + 2e^2)]\}$$

$$= \frac{\pi \cdot 7,5}{2}\{6,0^4 \cdot 20,0 - 6[1,25^2 \cdot 15,0(1,25^2 + 2 \cdot 3,5^2)]\}$$

$$= 262\,185\,\mathrm{g\,cm^2} = 262,185\,\mathrm{kg\,cm^2}$$

besitzt. Damit folgen unter Beachtung der *Anfangsbedingungen*

$$\omega(t = 0) = 0 \quad \text{bzw.} \quad \varphi(t = 0) = 0$$

aus dem Drehimpulssatz zunächst

$$\dot{\varphi} = \frac{M_S}{J_S}t \quad \rightarrow \quad \varphi = \frac{M_S}{2J_S}t^2,$$

und da zur Zeit t_1 die Winkelgeschwindigkeit ω_1 erreicht sein soll, weiterhin

$$\omega_1 = \frac{M_S}{J_S}t_1 \quad \rightarrow \quad M_S = \frac{J_S\omega_1}{t_1} = \frac{262,185 \cdot 30,0}{2,0} = 3\,932,8\,\frac{\mathrm{kg\,cm^2}}{\mathrm{s^2}} = 39,328\,\mathrm{Ncm}\,.$$

Die Drehzahl n_1 nach t_1 Sekunden gewinnt man aus

$$\omega = \frac{\pi n}{30}\frac{\min}{\mathrm{s}} \quad \text{zu} \quad n_1 = \frac{30\,\omega_1}{\pi}\frac{\mathrm{s}}{\min} = \frac{30 \cdot 30,0}{\pi} = 286,5\,\frac{1}{\min}\,.$$

Aufgabe 18.2: Eine homogene Walze vom Radius r und der Masse m wird durch ein aufgewickeltes Seil, dessen Masse vernachlässigt werden darf, an einer freien Abwärtsbewegung gehindert (Abb. 18.2.1). Man berechne die Geschwindigkeit und den Weg zur Zeit t, wenn die Bewegung aus der Ruhe heraus beginnt und der COULOMBsche Reibungskoeffizient μ vorgegeben ist.

Zunächst muß man sich überlegen, daß die Walze nicht – wie sonst meistens – die schiefe Ebene hinabrollt, sondern sich unter Überwindung der Reibungskraft entgegen dem Uhrzeigersinn dreht. Die zeitabhängige Kraft F_S im Seil ist dabei unbekannt.

Am geschnittenen Seil wird die Seilkraft F_S eingezeichnet (Abb. 18.2.2). Außer dieser wirken an der Walze das Eigengewicht mg und die COULOMBsche Reibungskraft

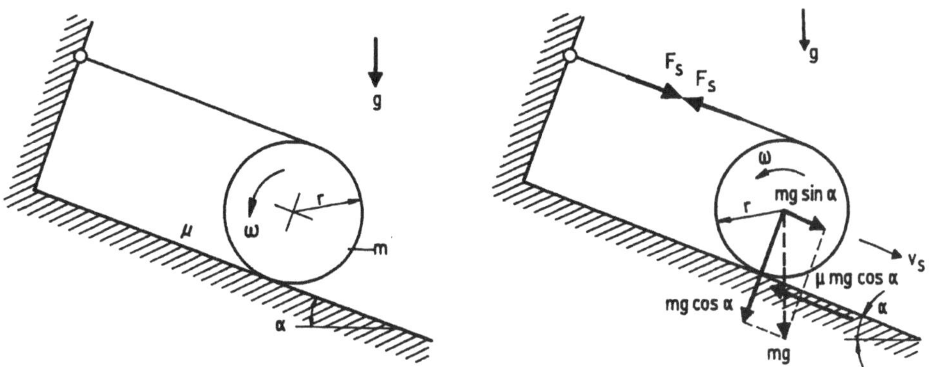

Abbildung 18.2.1: Walze mit Reibung   Abbildung 18.2.2: Freigeschnittene Walze

$\mu mg \cos \alpha$. Da die Zeit t eine Integrationsgrenze ist, muß man für die Integrationsvariable „Zeit" einen anderen Buchstaben (hier τ) wählen.

Dann folgt mit der *Anfangsbedingung* $v_S(t = 0) = 0$ aus dem *Impulssatz*

$$\int_{t_0}^{t_1} F \, dt = (mv_S)_1 - (mv_S)_0 \,,$$

$$\int_{0}^{t} (-F_S + mg \sin \alpha - \mu mg \cos \alpha) \, d\tau = mv_S(t) \,,$$

$$\int_{0}^{t} F_S \, d\tau = mg(\sin \alpha - \mu \cos \alpha)t - mv_S(t) \,.$$

Die Kraft F_S ist nicht bekannt, und damit kann auch das Integral nicht ermittelt werden. Man benötigt eine weitere Beziehung. Da sich die Walze dreht, kann man dafür den Drehimpulssatz verwenden. Das Drehmoment aller am Körper angreifenden Kräfte um den Körperschwerpunkt ist

$$M_S = F_S r - \mu mgr \cos \alpha \,,$$

so daß aus dem Drehimpulssatz

$$M_S = J_S \dot{\omega} = J_S \frac{\dot{v}_S}{r}$$

mit anschließender Integration unter Beachtung des vorstehend ermittelten Integrals aus dem Impulssatz zunächst die Ausdrücke

$$\dot{v}_S(t) = \frac{1}{J_S} M_S r = \frac{1}{J_S}(r^2 F_S - \mu m g r^2 \cos\alpha)\,,$$

$$v_S(t) = \frac{1}{J_S}\Big(r^2 \int\limits_0^t F_S\,\mathrm{d}\tau - \mu m g r^2 t \cos\alpha\Big)$$

$$= \frac{r^2}{J_S}[mg(\sin\alpha - \mu\cos\alpha)t - mv_S(t)] - \frac{r^2}{J_S}\mu m g t \cos\alpha$$

folgen. Unter Beachtung des Massenmomentes 2. Grades $J_S = \frac{1}{2}mr^2$ für eine homogene Walze kann daraus die gesuchte Geschwindigkeit bestimmt werden:

$$v_S(t) = \frac{2}{3} gt(\sin\alpha - 2\mu\cos\alpha)\,.$$

Diese Geschwindigkeit wird für $\tan\alpha = 2\mu$ Null, so daß für eine Abwärtsbewegung $\tan\alpha > 2\mu$ sein muß. Eine nochmalige Integration liefert mit $s(t = 0) = 0$ den Weg

$$s(t) = \frac{1}{3} gt^2(\sin\alpha - 2\mu\cos\alpha)\,.$$

18.2 Arbeitssatz, Energieerhaltungssatz

Aufgabe 18.3: Ein Fahrzeug mit vier homogenen kreiszylindrischen Rädern rollt im Schwerefeld der Erde eine um den Winkel α geneigte Ebene hinauf (Abb. 18.3). Seine Anfangsgeschwindigkeit ist v_o. Es wird ideales Rollen vorausgesetzt. Welche Strecke s legt das Fahrzeug bis zum Stillstand zurück?

Gegeben: Wagengewicht $F_W = 300,0$ kN, $v_o = 15,0$ km/h, r,
Radgewicht $F_R = 25,0$ kN, $\alpha = 2,0°$, $g = 9,81\,\mathrm{m/s^2}$.

Unter *idealem Rollen* versteht man eine kinematische Beziehung zwischen der *Rotation* eines kreiszylindrischen Körpers (Radius r) und der gleichzeitigen *Translation* seines Schwerpunktes (so, wie sich ein Zahnrad auf einer Zahnstange fortbewegt; den Berührungspunkt zwischen Körper und Gleitbahn nennt man *momentanen Drehpol*). Diese Beziehung zwischen Schwerpunktgeschwindigkeit v_S und Winkelgeschwindigkeit ω lautet

$$v_S = r\,\omega\,.$$

Die zur Bearbeitung derartiger Mechanik-Aufgaben erforderlichen Gleichungen sind
nachfolgend zusammengestellt.

Arbeitssatz :
$$W \;=\; \int_{s_0}^{s_1} \boldsymbol{F}\,\mathrm{d}\boldsymbol{r}_S + \int_{s_0}^{s_1} M_S\,\mathrm{d}\varphi$$

$$=\; \int_{s_0}^{s_1} (F_x\,\mathrm{d}r_{Sx} + F_y\,\mathrm{d}r_{Sy}) + \int_{s_0}^{s_1} M_S\,\mathrm{d}\varphi$$

$$=\; (E_{\mathrm{kin},T} + E_{\mathrm{kin},R})_1 - (E_{\mathrm{kin},T} + E_{\mathrm{kin},R})_0\,,$$

Translationsenergie :
$$E_{\mathrm{kin},T} \;=\; \frac{1}{2}mv_S^2 = \frac{m}{2}(v_{Sx}^2 + v_{Sy}^2) = \frac{m}{2}(\dot{r}_{Sx}^2 + \dot{r}_{Sy}^2)\,,$$

Rotationsenergie :
$$E_{\mathrm{kin},R} \;=\; \frac{1}{2}J_S\omega^2 = \frac{J_S}{2}\dot{\varphi}^2\,,$$

Energieerhaltungssatz :

$$(E_{\mathrm{kin},T} + E_{\mathrm{kin},R})_0 + (E_{\mathrm{pot},T} + E_{\mathrm{pot},R})_0$$

$$=\; (E_{\mathrm{kin},T} + E_{\mathrm{kin},R})_1 + (E_{\mathrm{pot},T} + E_{\mathrm{pot},R})_1 = \mathrm{konst.}$$

Wir wollen diese Aufgabe mit Hilfe des *Energieerhaltungssatzes* lösen. Dazu benötigt
man die potentielle Energie im Schwerefeld der Erde

$$E_{\mathrm{pot}} = mgy + c = mgs\sin\alpha + c\,,$$

die kinetische Translationsenergie und die
kinetische Rotationsenergie

$$E_{\mathrm{kin},T} + E_{\mathrm{kin},R} = \frac{m}{2}v_o^2 + \frac{J_S}{2}\omega_o^2$$

und das Massenmoment 2. Grades für ein
homogenes Rad

$$J_S = \frac{mr^2}{2}\,.$$

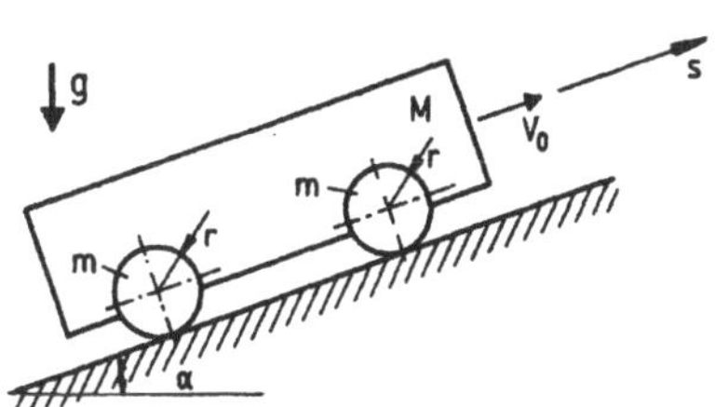

Abbildung 18.3: Energieerhaltungssatz

Dann lautet der Energieerhaltungssatz mit der kinematischen Beziehung $\omega_o = v_o/r$

$$(E_{\text{kin},T} + E_{\text{kin},R})_0 + (E_{\text{pot},T} + E_{\text{pot},R})_0 \;=\; (E_{\text{kin},T} + E_{\text{kin},R})_1 + (E_{\text{pot},T} + E_{\text{pot},R})_1 \,,$$

$$\frac{M}{2}\,v_o^2 + 4\,\frac{m}{2}\,v_o^2 + 4\,\frac{J_S}{2}\,\frac{v_o^2}{r^2} + 0 + c \;=\; 0 + (F_W + 4\,F_G)s\sin\alpha + c\,,$$

$$\frac{1}{2g}(F_W + 6\,F_R)v_o^2 \;=\; (F_W + 4\,F_R)s\sin\alpha\,.$$

Man erhält daraus die Strecke bis zum Stillstand

$$s = \frac{F_W + 6\,F_R}{2g\sin\alpha(F_W + 4\,F_R)}\,v_o^2 = \frac{300,0 + 6\cdot 25,0}{2\cdot 9,81\cdot 0,0349\,(300,0 + 4\cdot 25,0)}\left(\frac{15,0}{3,6}\right)^2 = 28,52\,\text{m}\,.$$

Aufgabe 18.4: Drei Körper von jeweils gleicher Masse m bewegen sich mit der Anfangsgeschwindigkeit v_s eine geneigte Ebene hinauf (Abb. 18.4). Gesucht ist die Länge des Weges bis zum Stillstand. Die Reibung darf vernachlässigt werden.
Körper 1: Gleitende homogene Masse,
Körper 2: Ideal rollender homogener Kreiszylinder (Radius r),
Körper 3: Ideal rollendes homogenes kreiszylindrisches Rohr
(Außenradius r, Innenradius kr) .

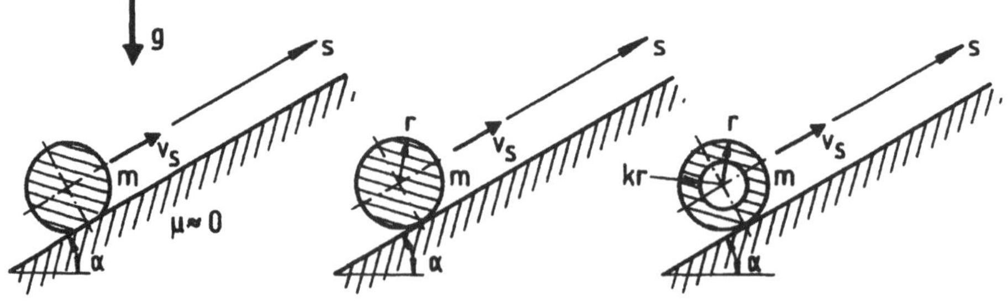

Abbildung 18.4: Körper auf schiefer Ebene

Da keine Reibung auftritt, können die gesuchten Strecken aus dem Energieerhaltungssatz ermittelt werden. Zum Vergleich soll für die gleitende Masse (Körper 1) auch der Arbeitssatz herangezogen werden. Bei der Berechnung für den Körper 3 besteht das Problem darin, dessen Dichte so zu wählen, daß seine Masse mit der vorgegebenen Größe m übereinstimmt.

Körper 1 :

Energieerhaltungssatz:

$$(E_{\text{kin},T} + E_{\text{kin},R})_0 + (E_{\text{pot},T} + E_{\text{pot},R})_0$$

$$= (E_{\text{kin},T} + E_{\text{kin},R})_1 + (E_{\text{pot},T} + E_{\text{pot},R})_1 \,,$$

$$\frac{m}{2}v_s^2 + 0 + 0 + c + 0 = 0 + 0 + mgs\sin\alpha + c + 0 \qquad \rightarrow \quad s = \frac{v_s^2}{2g\sin\alpha}\,,$$

Arbeitssatz:

$$\int\limits_0^1 F_s\,\mathrm{d}s = \int\limits_0^s (-mg\sin\alpha)\,\mathrm{d}s = -mgs\sin\alpha$$

$$= (E_{\text{kin},T} + E_{\text{kin},R})_1 - (E_{\text{kin},T} + E_{\text{kin},R})_0 \,,$$

$$0 + 0 - \frac{m}{2}v_s^2 - 0 = -mgs\sin\alpha \qquad\qquad \rightarrow \quad s = \frac{v_s^2}{2g\sin\alpha}\,;$$

Körper 2 :

Energieerhaltungssatz:

$$(E_{\text{kin},T} + E_{\text{kin},R})_0 + (E_{\text{pot},T} + E_{\text{pot},R})_0$$

$$= (E_{\text{kin},T} + E_{\text{kin},R})_1 + (E_{\text{pot},T} + E_{\text{pot},R})_1 \,,$$

$$\frac{m}{2}v_s^2 + \frac{J_S}{2}\omega^2 + 0 + c + 0 = 0 + 0 + mgs\sin\alpha + c + 0 \,,$$

$$J_S = \frac{mr^2}{2} \quad ; \quad \omega = \frac{v_s}{r}\,,$$

$$\frac{m}{2}v_s^2 + \frac{1}{2}\frac{mr^2}{2}\left(\frac{v_s}{r}\right)^2 = mgs\sin\alpha \qquad\qquad \rightarrow \quad s = \frac{3v_s^2}{4g\sin\alpha}\,;$$

Körper 3 :

Da der Körper 3 ebenfalls die Masse m besitzen soll, muß man das durch eine geänderte Dichte berücksichtigen. Mit der Dichte $\overline{\varrho}$ für das Rohr mit dem Volumen $V = \pi(r^2 - k^2r^2)l$ findet man aus der Bedingung

$$m = \overline{\varrho}\pi r^2(1 - k^2)l = \varrho\pi r^2 l$$

die geänderte Dichte zu

$$\overline{\varrho} = \frac{\varrho}{1 - k^2}\,.$$

Damit erhält man das Massenmoment 2. Grades für den Körper 3:

$$J_S = \frac{\overline{\varrho}}{2}[\pi r^2 \cdot r^2 - \pi(kr)^2 \cdot (kr)^2]l = \frac{\pi\overline{\varrho}r^4 l}{2}(1 - k^4)$$

$$= \frac{\pi\overline{\varrho}r^4 l}{2}(1 - k^2)(1 + k^2) = \frac{\pi\varrho r^4 l}{2(1 - k^2)}(1 - k^2)(1 + k^2) = \frac{mr^2}{2}(1 + k^2),$$

und es folgt aus dem Energieerhaltungssatz

$$(E_{\text{kin},T} + E_{\text{kin},R})_0 + (E_{\text{pot},T} + E_{\text{pot},R})_0 \;=\; (E_{\text{kin},T} + E_{\text{kin},R})_1 + (E_{\text{pot},T} + E_{\text{pot},R})_1\,,$$

$$\frac{m}{2}v_s^2 + \frac{J_S}{2}\omega^2 + 0 + c + 0 \;=\; 0 + 0 + mgs\sin\alpha + c + 0,$$

$$\frac{m}{2}v_s^2 + \frac{mr^2}{4}(1 + k^2)\left(\frac{v_s}{r}\right)^2 \;=\; mgs\sin\alpha \qquad \rightarrow \qquad s = \frac{(3 + k^2)v_s^2}{4g\sin\alpha}.$$

Für $k = 0$ liegt das Ergebnis für den Körper 2 und für $k = 1$ das Resultat für einen Reifen vor.

18.3   Prinzip von D'Alembert

Aufgabe 18.5:   Um eine Walze vom Gewicht $F_G = mg$ (Radius r, Massenmoment 2. Grades J_S) ist ein als masselos zu betrachtendes Band gewickelt (Abb. 18.5.1). Die Walze fällt auf dem Band abrollend vertikal nach unten. Gesucht sind die Bewegungsdifferentialgleichung und die Zugkraft F_S im Band während des Falles.

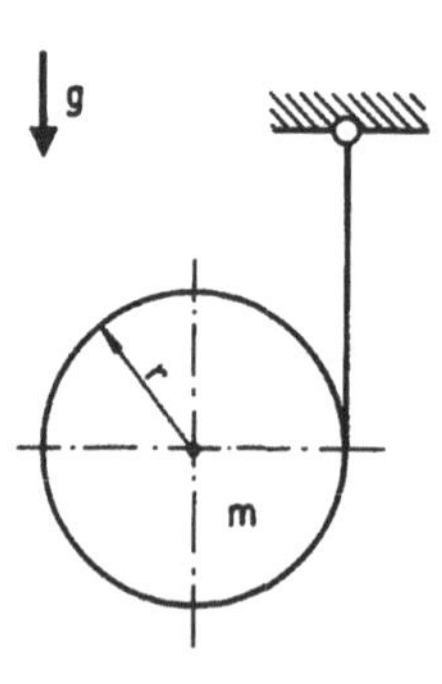

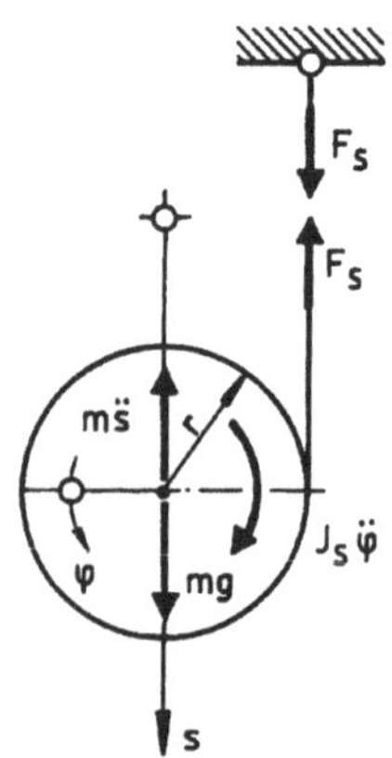

Abbildung 18.5.1: Herabfallende Walze   Abbildung 18.5.2: Kräfte an der Walze

In dieser Aufgabe muß eine Beschleunigung berechnet werden. In diesem Falle zieht man zur Lösung das Prinzip von D'ALEMBERT heran. Das Band wird geschnitten und alle wirkenden Kraftgrößen eingezeichnet (Abb. 18.5.2). Das sind neben dem Eigengewicht die Kraft F_S im Band und (nach Wahl von s als generalisierter Koordinate) die dynamischen Hilfsgrößen (die D'ALEMBERTsche Trägheitskraft $-m\ddot{s}$ und das D'ALEMBERTsche Trägheitsdrehmoment $-J_S\ddot{\varphi}$).

Mit Berücksichtigung der kinematischen Bedingung $\dot{s} = r\dot{\varphi}$ lauten die Gleichgewichtsbedingungen

$$\sum_{(i)} F_{iV} = 0 \quad : \quad m\ddot{s} + F_S - mg \;=\; 0\,,$$

$$\circlearrowleft \sum_{(i)} M_{iS} = 0 \quad : \quad J_S\ddot{\varphi} - F_S\,r \;=\; J_S\frac{\ddot{s}}{r} - F_S\,r \;=\; 0\,,$$

aus denen man die Beschleunigung und die Seilzugkraft erhält:

$$\ddot{s}(t) = \frac{g}{1 + \dfrac{J_S}{mr^2}} \qquad ; \qquad F_S = \frac{mg}{1 + \dfrac{mr^2}{J_S}}\,.$$

Aufgabe 18.6: Zwei Rollen eines Flaschenzuges sind durch ein undehnbares Seil verbunden und durch zwei Massen und das Eigengewicht der freien Rolle belastet (Abb. 18.6.1). Welche Form hat die Bewegungsdifferentialgleichung der Masse $6\,m$ und wie groß sind die Kräfte im Seil? (Die Masse des Seiles kann vernachlässigt werden.)
Gegeben: $m\,,\,r\,,\,g\,.$

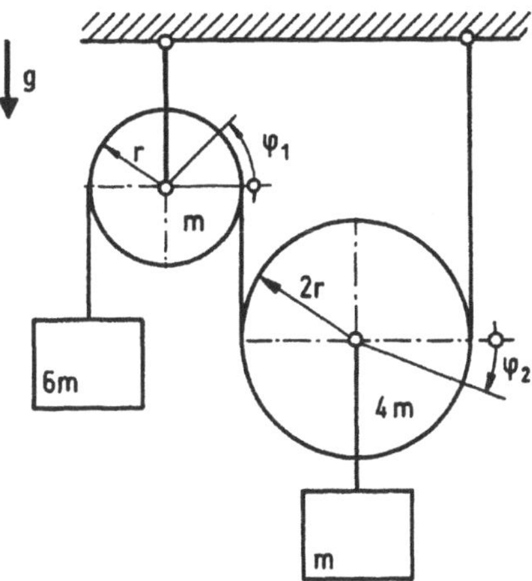

Abbildung 18.6.1: Flaschenzug

Da das Seil als undehnbar angenommen werden darf, besitzt der Flaschenzug den Freiheitsgrad $f = 1$. Folglich wählt man die Koordinate s als generalisierte Koordinate (Abb. 18.6.2).
Bevor man mit der Aufstellung der Gleichgewichtsbedingungen beginnt, muß man zunächst die kinematischen Beziehungen zwischen der Bewegung der Rollen bzw. Massen untersuchen. Denkt man sich die freie Rolle im Punkt A um den Winkel φ_2 gedreht, dann bewegt sich Punkt B um das Stück $4r\varphi_2$ nach oben. Dabei werden die freie Rolle und die Masse m um die Strecke $2r\varphi_2$ angehoben.

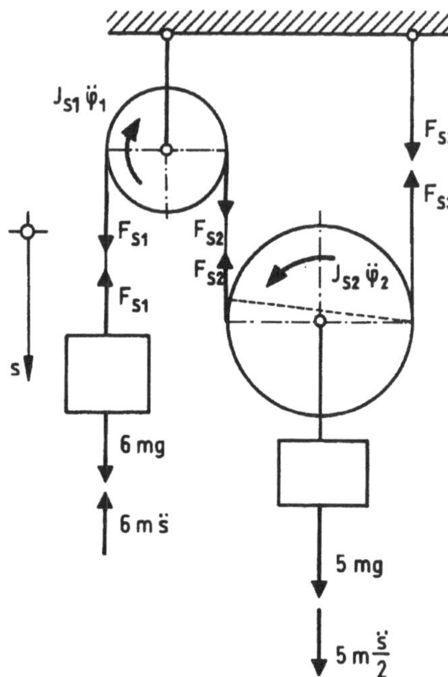

Abbildung 18.6.2: Kräfte am
Flaschenzug

Bezogen auf die generalisierte Koordinate s bestehen dann die kinematischen Beziehungen (*Bindungen*) für die Drehwinkel

$$\varphi_1 = \frac{s}{r} \quad ; \quad \varphi_2 = \frac{s}{4r}$$

bzw. für die vertikale Verschiebung der freien Rolle

$$\bar{s} = \frac{s}{2}.$$

Die Massenmomente 2. Grades besitzen die Größe

$$J_{S1} = \frac{mr^2}{2} \; ; \; J_{S2} = \frac{4m(2r)^2}{2} = 8mr^2.$$

Im nächsten Schritt werden die Seilkräfte und die dynamischen Hilfskräfte $-6m\ddot{s}$, $-(4m+m)\ddot{s}/2$ bzw. die dynamischen Hilfsmomente $-J_{S1}\ddot{\varphi}_1$, $-J_{S2}\ddot{\varphi}_2$ in die Zeichnung eingetragen.

Nun kann man die Gleichgewichtsbedingungen an den Rollen und den Massen aufstellen. Sie lauten

an der Masse $(6\,m)$ $\qquad \displaystyle\sum_{(i)} F_{iV} \; = 0 \quad : \quad F_{S1} + 6m\ddot{s} - 6mg \qquad\qquad = 0,$

an der festen Rolle $\quad \circlearrowleft \displaystyle\sum_{(i)} M_{iS_1} \; = 0 \quad : \quad F_{S1}\,r - F_{S2}\,r - J_{S1}\,\ddot{\varphi}_1 \qquad = 0,$

an der freien Rolle $\qquad \displaystyle\sum_{(i)} F_{iV} \; = 0 \quad : \quad F_{S2} + F_{S3} - 5m\dfrac{\ddot{s}}{2} - 5mg \; = 0,$

$\qquad\qquad\qquad\quad \circlearrowright \displaystyle\sum_{(i)} M_{iS_2} \; = 0 \quad : \quad F_{S2}\,2r - F_{S3}\,2r - J_{S2}\,\ddot{\varphi}_2 \; = 0.$

Das sind 4 Gleichungen für die 6 Unbekannten F_{S1}, F_{S2}, F_{S3}, s, φ_1, φ_2. Die zwei weiteren benötigten Gleichungen sind die kinematischen Beziehungen zwischen s und φ_1 bzw. φ_2. Nach kurzer Rechnung erhält man

$$\ddot{s} = \frac{14}{33}\,g \quad ; \quad F_{S1} = \frac{38}{11}\,mg \quad ; \quad F_{S2} = \frac{107}{33}\,mg \quad ; \quad F_{S3} = \frac{31}{11}\,mg.$$

Aufgabe 18.7: Das gekoppelte System zweier starrer Körper (dünnwandiger Hohlzylinder und homogener Vollzylinder, verbunden durch eine starre Stange mit vernachlässigbarer Masse) bewegt sich infolge der Kraft F_Z eine schräge Ebene hinauf (Abb. 18.7.1). Es wird ideales Rollen vorausgesetzt. Bestimmen Sie die Beschleunigung des Systems und die Kraft in der Stange.

Gegeben: m, r, α, β, F_Z, g.

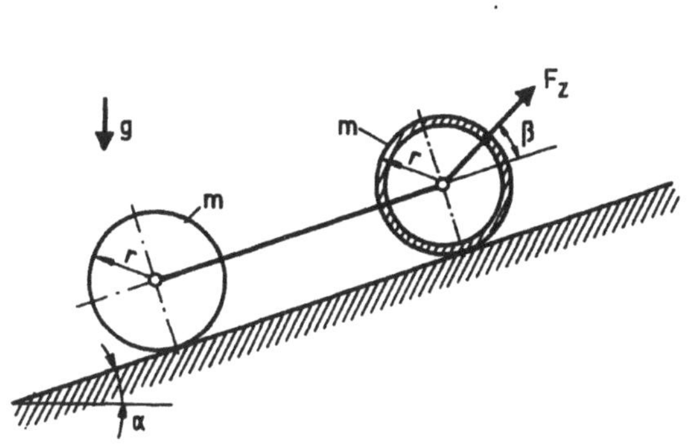

Abbildung 18.7.1: Walzen auf schiefer Ebene

Wir nehmen an, daß sich das System die schräge Ebene hinauf bewegt und legen demzufolge s als generalisierte Koordinate in dieser Richtung fest. Nach dem Freischneiden werden die Eigengewichtskräfte mg mit ihren Komponenten, die Stützkräfte F_{N1}, F_{N2} und die Stabkraft F_S eingetragen. Zwischen den rollenden Körpern und dem Untergrund müssen „Stützkräfte" F_{R1} und F_{R2} angreifen, welche das Drehen der Walzen sichern.

Diese Kräfte sind *keine* Reibungskräfte. Wären sie nicht vorhanden, würden die Walzen – ohne sich zu drehen – die Ebene hinaufgleiten! Zu diesen Kräften kommen dann noch die dynamischen Hilfskräfte und Hilfsmomente.

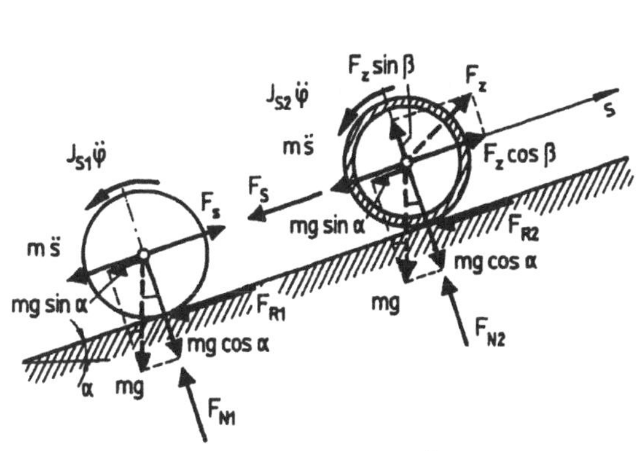

Abbildung 18.7.2: Freigeschnittenes System

Für die weitere Untersuchung werden die kinematische Beziehung für ideales Rollen

$$\dot{s} = r\dot{\varphi}$$

und die Größen der Massenmomente 2. Ordnung für den Hohlzylinder und den Vollzylinder

$$J_{S1} = \frac{mr^2}{2} \quad ; \quad J_{S2} = mr^2$$

benötigt.

Dann ergeben sich aus dem Gleichgewicht der Kräfte und Momente an den beiden Körpern 4 Gleichungen

$$\circlearrowleft \sum_{(i)} M_{iS_1} \;=0 \;\;:\;\; J_{S1}\ddot\varphi - F_{R1}\,r \qquad\qquad\qquad = \;0\,,$$

$$\swarrow \sum_{(i)} F_i \;\;\;=0 \;\;:\;\; m\ddot s + mg\sin\alpha - F_S + F_{R1} \qquad\quad = \;0\,,$$

$$\circlearrowleft \sum_{(i)} M_{iS_2} \;=0 \;\;:\;\; J_{S2}\ddot\varphi - F_{R2}\,r \qquad\qquad\qquad = \;0\,,$$

$$\swarrow \sum_{(i)} F_i \;\;\;=0 \;\;:\;\; m\ddot s + mg\sin\alpha + F_S + F_{R2} - F_Z\cos\beta \;=\; 0\,,$$

womit zusammen mit der kinematischen Beziehung 5 Gleichungen zur Bestimmung der 5 unbekannten Größen s, φ, F_S, F_{R1}, F_{R2} vorliegen. Deren Auflösung liefert

$$\ddot s = \frac{2\,F_Z}{7\,m}\cos\beta - \frac{4}{7}\,g\sin\alpha \;\;;\;\; F_S = \frac{3}{7}\,F_Z\cos\beta + \frac{1}{7}\,mg\sin\alpha\,.$$

19   Schwingungen

19.1   Freie ungedämpfte Schwingungen

Eine freie ungedämpfte Schwingung tritt immer dann auf, wenn bei konstanten Parametern p, q, r, und einer linearen Federkennlinie die Differentialgleichung für die Koordinate $y(t)$ die Form

$$p\,\ddot y(t) + q\,y(t) + r = 0$$

hat. Den Quotienten q/p nennt man *Eigenkreisfrequenz* ω_o und erhält mit dieser Größe sofort die *Schwingungsdauer* T_o aus der Gleichung

$$T_o = \frac{2\pi}{\omega_o}\,,$$

ohne die Differentialgleichung vorher lösen zu müssen. Der Kehrwert der Schwingungsdauer ist die *Eigenfrequenz* f_o (im Unterschied zur Eigen*kreis*frequenz ω_o!).

Den konstanten Term r in der DGL kann man durch eine *Koordinatentransformation* $y(t) = x(t) - r/q$ beseitigen. Da die Differentialgleichung von zweiter Ordnung ist, lautet ihre allgemeine Lösung mit den Integrationskonstanten c_1, c_2 bzw. $\widehat C$, β

$$y(t) = c_1\cos\omega_o t + c_2\sin\omega_o t \quad\text{bzw.}\quad y(t) = \widehat C\sin(\omega_o t + \beta)\,.$$

Die Integrationskonstanten folgen aus den *Anfangsbedingungen*.

Schwingung einer Punktmasse im Schwerefeld der Erde :

Differentialgleichung (inhomogen): $m\ddot{q} + kq = mg$,

Eigenkreisfrequenz: $\omega_o = \sqrt{\dfrac{k}{m}}$,

Statische Ruhelage: $q_{st} = \dfrac{mg}{k}$,

Koordinatentransformation: $q = q_{st} + x$; $\dot{q} = \dot{x}$; $\ddot{q} = \ddot{x}$,

Schwingungsdauer, Eigenfrequenz: $T_o = \dfrac{1}{f_o} = \dfrac{2\pi}{\omega_o} = 2\pi\sqrt{\dfrac{m}{k}} = 2\pi\sqrt{\dfrac{q_{st}}{g}}$,

Differentialgleichung (homogen): $m\ddot{x} + \omega_o^2 = 0$;

Mathematisches Pendel :

Differentialgleichung: $ml\ddot{\varphi} + mg\sin\varphi = 0$,

bzw. für kleine Ausschläge: $ml\ddot{\varphi} + mg\varphi = 0$,

Schwingungsdauer, Eigenfrequenz: $T_o = \dfrac{1}{f_o} = \dfrac{2\pi}{\omega_o} = 2\pi\sqrt{\dfrac{l}{g}}$;

Körperpendel :

Differentialgleichung: $J_0\ddot{\varphi} + mgs\sin\varphi = 0$,

bzw. für kleine Ausschläge: $J_0\ddot{\varphi} + mgs\varphi = 0$,

Schwingungsdauer, Eigenfrequenz: $T_o = \dfrac{1}{f_o} = \dfrac{2\pi}{\omega_o} = 2\pi\sqrt{\dfrac{J_0}{mgs}}$;

Parallelschaltung von Federn : $k^* = k_1 + k_2 + \ldots + k_n$,

Reihenschaltung von Federn : $\dfrac{1}{k^*} = \dfrac{1}{k_1} + \dfrac{1}{k_2} + \ldots + \dfrac{1}{k_n}$.

Aufgabe 19.1: Für den in Abb. 19.1 gezeichneten Einmassenschwinger ist das Flächenmoment 2. Grades I_{xx} des Biegeträgers so zu bestimmen, daß die Schwingungsdauer T_o erreicht wird.

Gegeben: $T_o = 0,7\,\mathrm{s}$, $F = mg = 4,0\,\mathrm{kN}$,
$l = 2,4\,\mathrm{m}$, $k_2 = 430,0\,\mathrm{N/cm}$,
$g = 9,81\,\mathrm{m/s}^2$, $E = 2,1 \cdot 10^5\,\mathrm{N/mm}^2$.

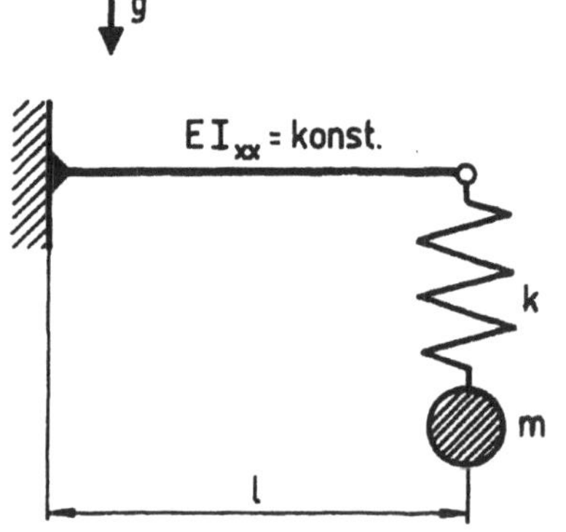

Abbildung 19.1: Reihenschaltung

Die Federkonstante k_1 der Biegefeder erhält man aus der Beziehung für die Verschiebung des Endpunktes eines einseitig eingespannten Trägers

$$w_1 = \frac{F\,l^3}{3EI_{xx}} \quad \rightarrow \quad F = \frac{3EI_{xx}}{l^3}w_1 = k_1 w_1$$

zu

$$k_1 = \frac{3EI_{xx}}{l^3}\,.$$

Beide Federn sind „in Reihe geschaltet", so daß man mit der *Ersatzfederkonstanten* k^* für den Schwinger zunächst die erforderliche Federkonstante

$$\frac{1}{k^*} = \frac{1}{k_1} + \frac{1}{k_2} \quad \rightarrow \quad k_1 = \frac{3EI_{xx}}{l^3} = \frac{k^* k_2}{k_2 - k^*}$$

erhält. Die Schwingungsdauer T_o des Systems ist vorgeschrieben. Also muß

$$\omega^* = \sqrt{\frac{k^*}{m}} = \frac{2\pi}{T_o} \quad \rightarrow \quad k^* = \frac{4\pi^2 m}{T_o^2}$$

gelten. Das benötigte Flächenmoment 2. Grades des Biegeträgers ist

$$I_{xx} = \frac{k^* k_2 l^3}{3E(k_2 - k^*)}\,.$$

Die Zahlenrechnung liefert

$$k^* = \frac{4\pi^2 \cdot 4000,0}{0,7^2 \cdot 981,0} = 328,51\,\frac{\mathrm{N}}{\mathrm{cm}}\,,$$

$$I_{xx} = \frac{328,51 \cdot 430,0 \cdot 240,0^3}{3 \cdot 2,1 \cdot 10^7 \cdot (430,0 - 328,51)} = 305,4\,\mathrm{cm}^4\,.$$

Aufgabe 19.2: Stellen Sie für den in Abb. 19.2.1 gezeichneten Drehschwinger die Bewegungsdifferentialgleichung auf. Es sind nur kleine Verdrehungen zu betrachten. Wie groß ist die Schwingungsdauer des Körpers?

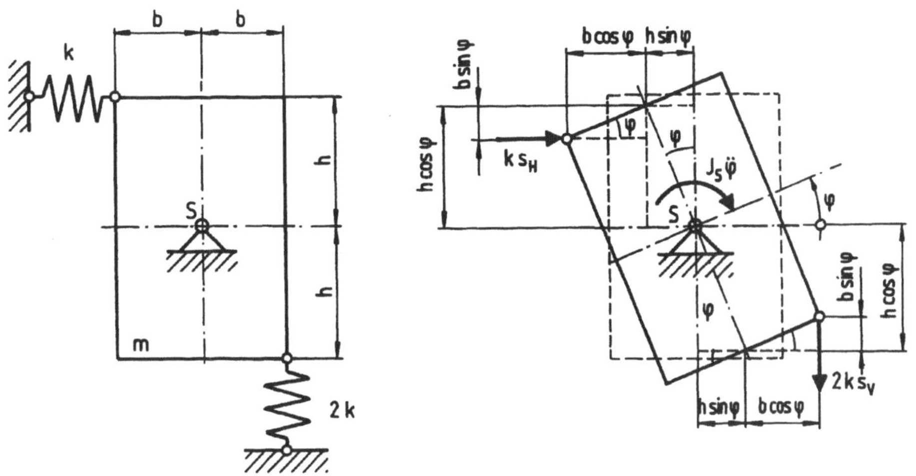

Abbildung 19.2.1: Drehschwinger   Abbildung 19.2.2: Kraftgrößen am Körper

Der Körper wird von den Federn freigeschnitten und um die generalisierte Koordinate φ verdreht. Mit leicht abzulesenden geometrischen Beziehungen (Abb. 19.2.2) ergeben sich die Federkräfte

$$F_H = ks_H = k[h\sin\varphi + b(\cos\varphi - 1)] \quad ; \quad F_V = 2\,ks_V = 2\,k[h(1 - \cos\varphi) + b\sin\varphi]$$

und die Hebelarme

$$l_V = h\cos\varphi - b\sin\varphi \quad ; \quad l_H = h\sin\varphi + b\cos\varphi\,.$$

Die Linearisierung $\sin\varphi \approx \varphi$, $\cos\varphi \approx 1$ hat zur Folge

$$F_H = kh\varphi \quad ; \quad F_V = 2kb\varphi \quad ; \quad l_V = h - b\varphi \quad ; \quad l_H = b + h\varphi\,.$$

Mit dem Massenmoment 2. Grades

$$J_S = \frac{m}{12}(4b^2 + 4h^2) = \frac{m}{3}(b^2 + h^2)$$

stellt man die Momentengleichgewichtsbedingung

$$\circlearrowleft \sum_{(i)} M_{iS} = 0 : \qquad J_S\ddot{\varphi} + kh\,\varphi(h - b\varphi) + 2\,kb\,\varphi(b + h\,\varphi) = 0$$

auf und erhält nach Vernachlässigung aller Terme, in denen φ^2 vorkommt, zunächst

$$J_S\,\ddot{\varphi} + kh^2\,\varphi + 2\,kb^2\varphi = 0\,.$$

Damit nimmt die gesuchte DGL die Form

$$\ddot{\varphi} + \frac{3\,k(h^2 + 2\,b^2)}{m(h^2 + b^2)}\,\varphi = 0$$

an. Die Schwingungsdauer T_o kann man daraus sofort berechnen

$$\omega_o = \sqrt{\frac{3\,k(h^2 + 2\,b^2)}{m(h^2 + b^2)}} = \frac{2\pi}{T_o} \quad\rightarrow\quad T_o = 2\pi\sqrt{\frac{m}{3k}\,\frac{h^2 + b^2}{h^2 + 2\,b^2}}\,.$$

Aufgabe 19.3: Für das in Abb. 19.3 skizzierte Pendel sind gesucht
1. die Schwingungsdauer T_o für kleine Ausschläge,
2. die Amplitude φ_E, wenn das Pendel um den Winkel φ_o aus der Ruhelage ausgelenkt wird. Gegeben: m, l, φ_o.

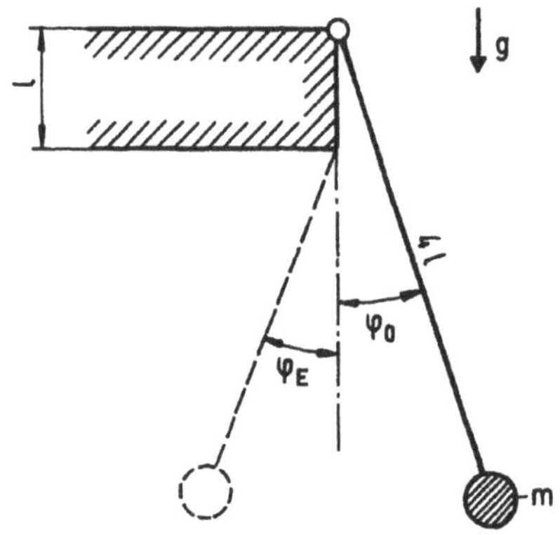

Abbildung 19.3: Mathematisches Pendel

Wir wollen zunächst die Schwingungsdauer T_o bestimmen. Sie setzt sich aus zwei Teilschwingungen mit unterschiedlicher Pendellänge zusammen. Diese Teilschwingungen haben (für kleine Ausschläge) jeweils die Schwingungsdauer

$$T_{o1} = 2\pi\sqrt{\frac{4\,l}{g}} \quad;\quad T_{o2} = 2\pi\sqrt{\frac{3\,l}{g}}\,,$$

so daß sich als Gesamtschwingungsdauer der Wert

$$T_o = \frac{1}{2}\,(T_{o1} + T_{o2}) = 11,7242\,\sqrt{\frac{l}{g}}$$

ergibt. Die gesuchte Amplitude φ_E berechnet man aus dem Energieerhaltungssatz

$$E_{\text{pot},0} = E_{\text{pot},1} \quad\rightarrow\quad -mg4l\cos\varphi_o = -mg(3l\cos\varphi_E + l)$$

zu

$$\cos\varphi_E = \frac{4\cos\varphi_o - 1}{3} \quad\rightarrow\quad \varphi_E = \arccos\frac{4\cos\varphi_o - 1}{3}\,.$$

19.2 Freie gedämpfte Schwingungen

Mechanik-Aufgaben zu *Freien gedämpften Schwingungen* sind im allgemeinen rechentechnisch etwas umfangreicher, so daß man sich meistens auf relativ einfache Aufgabenstellungen beschränkt. Auch hier soll aus Platzgründen nur auf Probleme mit *schwacher* STOKES*scher (geschwindigkeitsproportionaler) Dämpfung* eingegangen werden, wofür alle erforderlichen Beziehungen nachfolgend zusammengestellt sind.

Schwingung einer Punktmasse im Schwerefeld der Erde :

Differentialgleichung :
$$m\ddot{x} + b\dot{x} + kx = 0\,,$$

Eigenkreisfrequenz (ungedämpft) :
$$\omega_o = \sqrt{\frac{k}{m}}\,,$$

Abklingkoeffizient :
$$\delta = \frac{b}{2m}\,,$$

Dämpfungsgrad :
$$\vartheta = \frac{\delta}{\omega_o}\,,$$

Eigenkreisfrequenz
(schwach gedämpft $\vartheta < 1$) :
$$\omega_d = \sqrt{\omega_o^2 - \delta^2} = \omega_o\sqrt{1 - \vartheta^2}\,,$$

Schwingungsdauer :
$$T = \frac{2\pi}{\omega_d} = \frac{2\pi}{\omega_o}\,\frac{1}{\sqrt{1 - \vartheta^2}}\,,$$

Differentialgleichung :
$$\ddot{x} + 2\,\vartheta\omega_o\dot{x} + \omega_o^2 x = 0\,,$$

Lösung :
$$x(t) = \widehat{C}\,e^{-\delta t}\sin(\omega_d\, t + \beta)\,,$$

Logarithmisches Dekrement :
$$\Lambda = \delta\,T = \ln\frac{x_k}{x_{k+2}} \;\rightarrow\; \vartheta = \frac{\Lambda}{\sqrt{4\pi^2 + \Lambda^2}}\,.$$

Aufgabe 19.4: Aus dem Meßschrieb einer geschwindigkeitsproportional gedämpften Schwingung der Masse m werden drei nebeneinander gelegene Extremwerte x_1, x_2, x_3 in konstanten zeitlichen Abständen T entnommen (Abb. 19.4). Berechnen Sie aus diesen Angaben die Dämpfungskonstante b und die Federkonstante k.
Gegeben: $x_1 = 6,0\,\text{cm}$, $x_2 = 1,0\,\text{cm}$, $x_3 = 4,5\,\text{cm}$,
$m = 3,0\,\text{kg}$, $T = 0,5\,\text{s}$.

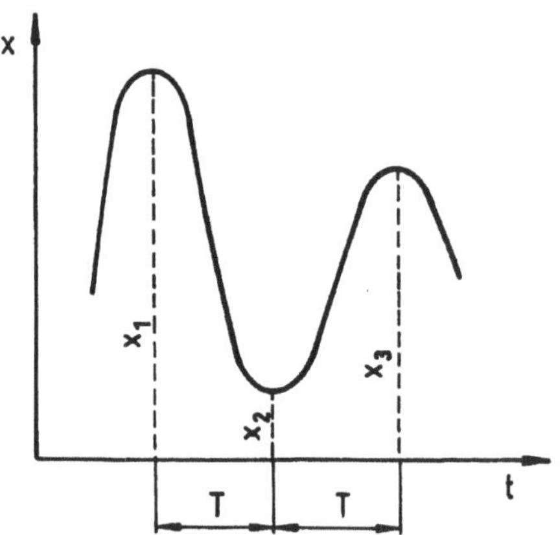

Abbildung 19.4: Meßschrieb

Zunächst muß aus den drei gemessenen Extremwerten der Mittelwert x_m so bestimmt werden, daß die sich dann ergebenden Ausschläge dem feststehenden Verhältnis zweier aufeinanderfolgender Amplituden bei COULOMBscher Dämpfung entsprechen. Es muß also gelten für x_1 und x_3

$$\frac{x_1 - x_m}{x_3 - x_m} = e^{\delta T} = e^{\Lambda}$$

bzw.

$$\frac{x_1 - x_m}{x_m - x_2} = \frac{x_m - x_2}{x_3 - x_m}$$

für alle drei Amplituden x_1, x_2, x_3.

Daraus folgen der Mittelwert und die Amplituden

$$(x_1 - x_m)(x_3 - x_m) = (x_m - x_2)^2 \quad \rightarrow \quad x_m = \frac{x_1 x_3 - x_2^2}{x_1 - 2x_2 + x_3} ,$$

$$x_1 - x_m = \frac{(x_1 - x_2)^2}{x_1 - 2x_2 + x_3} \;;\; x_m - x_2 = \frac{(x_1 - x_2)(x_3 - x_2)}{x_1 - 2x_2 + x_3} \;;\; x_3 - x_m = \frac{(x_3 - x_2)^2}{x_1 - 2x_2 + x_3}$$

und damit das logarithmische Dekrement

$$e^{\Lambda} = \frac{x_1 - x_m}{x_3 - x_m} = \left(\frac{x_1 - x_2}{x_3 - x_2}\right)^2 \quad \rightarrow \quad \Lambda = 2\ln\frac{x_1 - x_2}{x_3 - x_2} = 2\ln\frac{6,0 - 1,0}{4,5 - 1,0} = 0,71335 .$$

Nun findet man aus bekannten Formeln

$$\vartheta \;=\; \frac{\Lambda}{\sqrt{4\pi^2 + \Lambda^2}} \;=\; 0,1128 \quad;\quad \delta = \frac{\Lambda}{T} = \frac{0,71335}{0,5} = 1,4267\,\frac{1}{s} ,$$

$$b \;=\; 2\,m\delta \;=\; 2 \cdot 3,0 \cdot 1,4267 = 8,56\,\frac{\text{kg}}{\text{s}} \;=\; 8,56\,\frac{\text{Ns}}{\text{m}} ,$$

$$\omega_o \;=\; \frac{2\pi}{T\sqrt{1 - \vartheta^2}} \;=\; \frac{2\pi}{0,5\sqrt{1 - 0,1128^2}} = 12,65\,\frac{1}{s} ,$$

$$k \;=\; m\omega_o^2 \;=\; 3,0 \cdot 12,65^2\,\frac{\text{kg}}{\text{s}^2} \;=\; 4,8\,\frac{\text{N}}{\text{cm}} .$$

Aufgabe 19.5: Bestimmen Sie für den in Abb. 19.5 dargestellten Schwinger die Zeit, die vergeht, bis sich seine Amplitude auf 10% verringert hat. Wieviel volle Schwingungen haben bis dahin stattgefunden?
Gegeben: $m = 200,0\,\text{kg}$, $k = 1,6\,\text{kN/cm}$, $b = 8,5\,\text{Ns/cm}$.

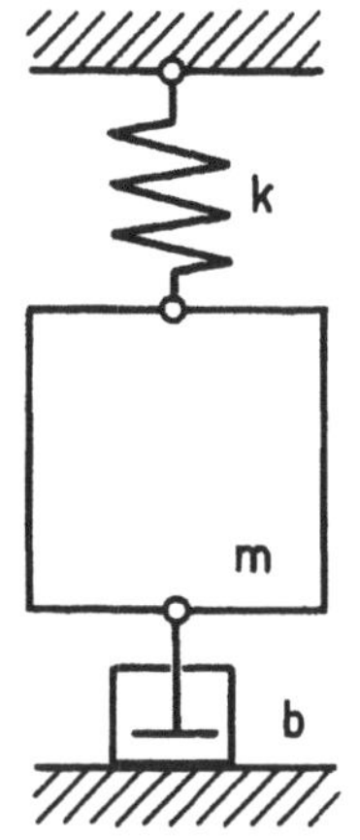

Abbildung 19.5: Gedämpfte Schwingung

Zur Lösung dieser Aufgabe werden zunächst die Eigenkreisfrequenz (ungedämpft) und der Abklingkoeffizient berechnet, die sich sofort mit den vorgeschriebenen Zahlen zu

$$\omega_o = \sqrt{\frac{k}{m}} = \sqrt{\frac{1,6 \cdot 10^5}{200,0}} = 28,28\,\frac{1}{\text{s}}\,,$$

$$\delta = \frac{b}{2m} = \frac{8,5 \cdot 10^2}{2 \cdot 200,0} = 2,125\,\frac{1}{\text{s}}$$

ergeben.

Weiterhin folgen die Größen für den Dämpfungsgrad und die Schwingungsdauer

$$\vartheta = \frac{\delta}{\omega_o} = \frac{2,125}{28,28} = 0,0751\,,$$

$$T = \frac{2\pi}{\omega_o}\,\frac{1}{\sqrt{1-\vartheta^2}} = \frac{2\pi}{28,28}\,\frac{1}{\sqrt{1-0,0751^2}} = 0,22\,\text{s}\,.$$

Bezeichnet man die Anfangsamplitude mit x_k und die Amplitude nach ν vollen Schwingungen mit $x_{k+2\nu} = 0,10\,x_k$ (das sind 10% von x_k), dann gilt in Erweiterung des Abklingverhaltens für das Amplitudenverhältnis

$$\mathrm{e}^{\nu\delta T} = \mathrm{e}^{\nu\Lambda} = \frac{x_k}{x_{k+2\nu}} = 10\,.$$

Daraus erhält man für die Anzahl der vollen Schwingungen

$$\nu = \frac{1}{\delta T}\ln 10 = \frac{2,302585}{2,125 \cdot 0,22} = 4,93 \quad \rightarrow \quad \nu = 5 \text{ volle Schwingungen},$$

die in $5,0 \cdot 0,22 = 1,1\,\text{s}$ ablaufen.

19.3 Erzwungene Schwingungen

Bei *erzwungenen Schwingungen* wird die schwingende Masse bzw. der schwingende Körper durch periodisch wirkende äußere Einflüsse (Kräfte, Verschiebungen) zu *stationären Schwingungen* angeregt, die sich bei vorhandener Dämpfung nach kurzer Zeit als *Dauerschwingung* einstellen. Es sollen alle benötigten Gleichungen für die drei Fälle

1. Kraft an der Punktmasse mit $\qquad\qquad\quad$ $F(t) = \widehat{F}\sin\Omega t,$
2. Bewegung des Federfußpunktes mit $\qquad\quad$ $u(t) = \widehat{u}\sin\Omega t,$
3. Bewegung des Dämpferfußpunktes mit $\qquad$ $u(t) = -\widehat{u}\cos\Omega t,$
4. Bewegung des Feder- und Dämpferfußpunktes mit $\quad u(t) = \widehat{u}\sin\Omega t$

zusammengefaßt werden.

Erzwungene Schwingung einer Punktmasse bei periodischer Erregung :

Differentialgleichung : $\qquad \ddot{x} + 2\vartheta\omega_o\dot{x} + \omega_o^2 x = S\,\sin\Omega t,$

Konstanten für Erregungsfälle :

Fall	1	2	3	4
S	$\widehat{F}/m$	$\omega_o^2\,\widehat{u}$	$2\delta\,\widehat{u}\,\Omega$	$\widehat{u}\,\Omega^2$

Partikuläre Lösung : $\qquad x(t) = \widehat{K}\,\sin(\Omega t - \psi),$

Abstimmungsverhältnis : $\qquad \eta = \dfrac{\Omega}{\omega_o} \quad ; \quad \Omega : \textit{Erregerkreisfrequenz}$

Phasenfrequenzgang : $\qquad \tan\psi = \dfrac{2\vartheta\eta}{1-\eta^2},$

Amplitudenfrequenzgang : $\quad \widehat{K} = \dfrac{S}{\omega_o^2}\,\dfrac{1}{\sqrt{(1-\eta^2)^2 + 4\vartheta^2\eta^2}},$

Maximale Amplituden :

Fälle 1, 2 : $\quad \widehat{K}_{1,2,\mathrm{max}} = \dfrac{S}{\omega_o^2}\,\dfrac{1}{2\vartheta\sqrt{1-\vartheta^2}} \qquad$ bei $\qquad \widetilde{\eta} = \sqrt{1-2\vartheta^2},$

Fall 3 : $\qquad \widehat{K}_{3,\mathrm{max}} = \widehat{u} \qquad\qquad\qquad$ bei $\qquad \widetilde{\eta} = 1,$

Fall 4 : $\qquad \widehat{K}_{4,\mathrm{max}} = \widehat{u}\,\dfrac{1}{2\vartheta\sqrt{1-\vartheta^2}} \qquad$ bei $\qquad \widetilde{\eta} = \dfrac{1}{\sqrt{1-2\vartheta^2}}.$

Aufgabe 19.6: Ein auf 4 Federn und einem Dämpfer gelagertes Maschinenfundament wird durch eine periodische Kraft $F(t) = \widehat{F}\sin\Omega\,t$ zu Schwingungen angeregt (Abb. 19.6). Gesucht sind
1. die Federkräfte aus dem Eigengewicht im Ruhezustand,
2. die zugehörige statische Verschiebung des Fundamentes,
3. die maximale Amplitude der Dauerschwingung,
4. die maximalen Federkräfte infolge der Dauerschwingung.

Gegeben: $\widehat{F} = 5,0\,\text{kN}$, $m = 3600,0\,\text{kg}$, $\Omega = 300,0\ 1/\text{s}$,
$\qquad k = 6,0\,\text{kN/cm}$, $b = 700,0\,\text{Ns/cm}$, $g = 9,81\,\text{m/s}^2$.

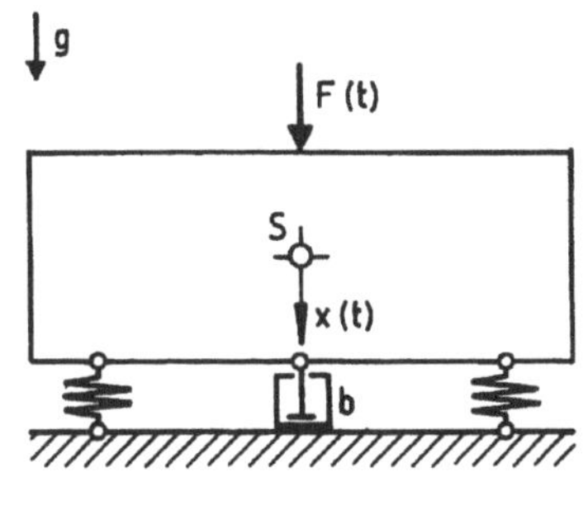

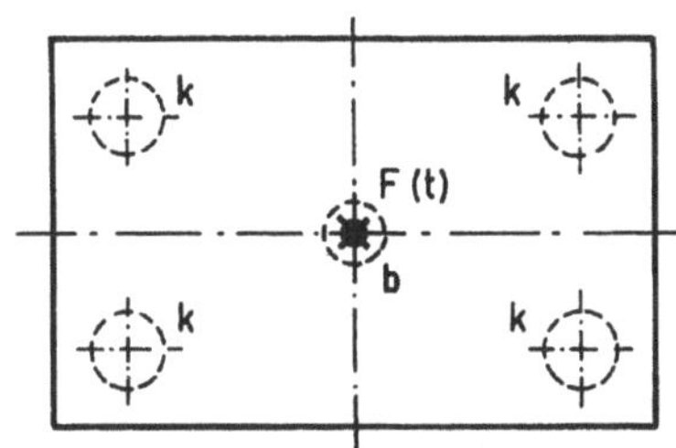

Abbildung 19.6: Maschinenfundament

Wir wollen diese Aufgabe „klausurgemäß" mit möglichst wenig Zwischenrechnungen und Kommentaren lösen.

1. Federkräfte aus dem Eigengewicht:

$$F_F = \frac{1}{4}\,mg = \frac{1}{4}\,3600,0\cdot 9,81 = 8\,829,0\,\text{N}\,;$$

2. Statische Verschiebung:

$$x_{\text{stat}} = \frac{mg}{4k} = \frac{3600,0\cdot 9,81}{4\cdot 6,0\cdot 10^3} = 1,47\,\text{cm}\,;$$

3. Schwingungsparameter:
Ersatzfederkonstante (Parallelschaltung):

$$k^* = 4\,k = 4\cdot 6,0 = 24,0\,\frac{\text{kN}}{\text{cm}}\,,$$

Eigenkreisfrequenz (ungedämpft):

$$\omega_o = \sqrt{\frac{k^*}{m}} = 2\sqrt{\frac{k}{m}} = 2\sqrt{\frac{6,0\cdot 10^5}{3600,0}} = 25,82\,\frac{1}{\text{s}}\,,$$

Dämpfungsgrad: $\quad \vartheta = \dfrac{\delta}{\omega_o} = \dfrac{b}{2m\cdot 2\sqrt{\dfrac{k}{m}}} = \dfrac{b}{4\sqrt{mk}} = \dfrac{700,0}{4\sqrt{3600,0\cdot 6,0\cdot 10}} = 0,3765\,,$

Abstimmungsverhältnis für die maximale Amplitude:

$$\widetilde{\eta} = \sqrt{1 - 2\,\vartheta^2} = \sqrt{1 - 2\cdot 0,3765^2} = 0,8465\,;$$

4. Maximale Amplitude :

$$\widehat{K}_{1,\mathrm{max}} = \frac{S}{\omega_o^2}\,\frac{1}{2\vartheta\sqrt{1-\vartheta^2}} = \frac{\widehat{F}}{k^*}\,\frac{1}{2\vartheta\sqrt{1-\vartheta^2}}$$

$$= \frac{5,0}{24,0\cdot 2\cdot 0,3765\sqrt{1-0,3765^2}} = 0,2986\,\mathrm{cm}\,;$$

5. Maximale Federkräfte infolge der Dauerschwingung :

$$\widehat{F}_{F,\mathrm{max}} = k\widehat{K} = 6,0\cdot 0,2986 = 1,792\,\mathrm{kN}\,.$$

Aufgabe 19.7: Die Aufhängung eines Körpers mit der Masse m schwingt nach der Funktion $u(t) = \widehat{u}\sin\Omega t$ (Abb. 19.7.1). Für welche Größe der Erregerkreisfrequenz Ω tritt der größte Relativausschlag $\widehat{K}_{\mathrm{max}}$ der Massenschwingung auf und wie groß ist dieser? Berechnen Sie die Grenzen für die Erregerkreisfrequenz Ω, zwischen denen der Relativausschlag $\widehat{K}$ nicht mehr als 5% von der Erregeramplitude $\widehat{u}$ abweicht.

Gegeben: $m = 50,0\,\mathrm{kg}$, $\widehat{u} = 1,5\,\mathrm{cm}$,
$\qquad\quad k = 40,0\,\mathrm{N/cm}$, $b = 6,0\,\mathrm{Ns/cm}$.

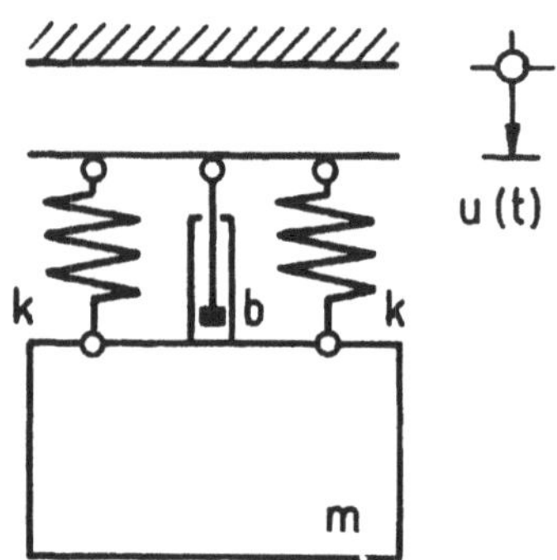

Abbildung 19.7.1: Fußpunkterregung

Die Schwingung dieses Körpers entspricht dem Erregerfall 4 der Zusammenstellung, wobei in allen Gleichungen der Ausschlag $x(t)$ durch den Relativausschlag $x_r(t) = x(t) - u(t)$ zu ersetzen ist.

Aus den vorgeschriebenen Werten bestimmt man zunächst die Eigenkreisfrequenz (ungedämpft)

$$\omega_o = \sqrt{\frac{2k}{m}} = \sqrt{\frac{2\cdot 40,0\cdot 10^2}{50,0}} = 12,65\,\frac{1}{\mathrm{s}}$$

und den Dämpfungsgrad

$$\vartheta = \frac{\delta}{\omega_o} = \frac{b}{2m\cdot\sqrt{\dfrac{2k}{m}}} = \frac{b}{\sqrt{8mk}} = \frac{6,0}{\sqrt{8\cdot 50,0\cdot 40,0\cdot 10^{-2}}} = 0,474\,.$$

Das Abstimmungsverhältnis $\widetilde{\eta}$ und die Erregerkreisfrequenz $\widetilde{\Omega}$ für die maximale Amplitude des Relativausschlages haben die Werte

$$\widetilde{\eta} = \frac{\widetilde{\Omega}}{\omega_o} = \frac{1}{\sqrt{1 - 2\vartheta^2}} = \frac{1}{\sqrt{1 - 2 \cdot 0,474^2}} = 1,348 \quad \rightarrow \quad \widetilde{\Omega} = 17,1\,\frac{1}{s}\,.$$

Mit diesen Zwischenergebnissen kann man die größte Amplitude des Relativausschlages ermitteln. Sie ergibt sich zu

$$\widehat{K}_{4,\mathrm{max}} = \frac{S}{\omega_o^2}\,\frac{1}{\sqrt{(1 - \widetilde{\eta}^2)^2 + 4\vartheta^2\widetilde{\eta}^2}}$$

$$= \widehat{u}\,\frac{1}{2\vartheta\sqrt{1 - \vartheta^2}} = \widehat{u}\,\frac{1}{2 \cdot 0,474\sqrt{1 - 0,474^2}} = 1,198\,\widehat{u} = 1,8\,\mathrm{cm}\,.$$

Um die gesuchten Grenzen für die Erregerkreisfrequenz zu berechnen, geht man von der allgemeinen Beziehung für die Amplitude des Relativausschlages

$$\widehat{K}_4 = \frac{\widehat{u}\Omega^2}{\omega_o^2}\,\frac{1}{\sqrt{(1 - \eta^2)^2 + 4\vartheta^2\eta^2}} = \widehat{u}\,\frac{\eta^2}{\sqrt{(1 - \eta^2)^2 + 4\vartheta^2\eta^2}} = \widehat{u}\,V(\eta,\vartheta)$$

aus (die Größe $V(\eta,\vartheta)$ heißt *Vergrößerungsfunktion*). Dieser Wert darf nur maximal 5% von der Erregeramplitude $\widehat{u}$ abweichen, also muß $\widehat{K}_4 = \pm 1,05\,\widehat{u}$ werden (Abb. 19.7.2).

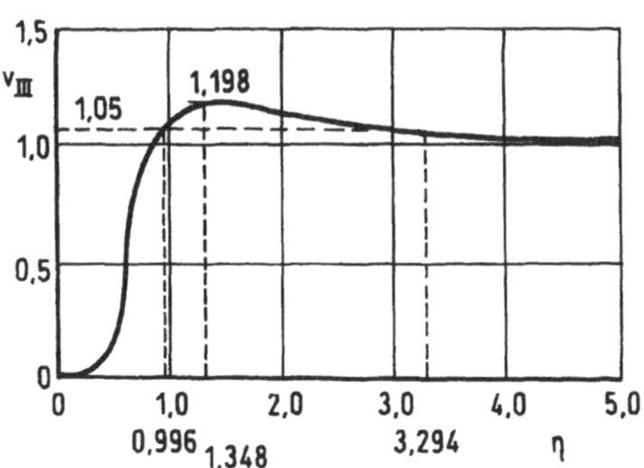

Abbildung 19.7.2: Vergrößerungsfunktion

Damit folgt eine Gleichung

$$\widehat{u}\,\frac{\eta^2}{\sqrt{(1 - \eta^2)^2 + 4\vartheta^2\eta^2}} = \pm 1,05\,\widehat{u}\,,$$

aus der das Abstimmungsverhältnis η gefunden werden kann. Nach Quadrieren dieser Beziehung erhält man eine biquadratische Gleichung für η

$$\eta^4 = 1,05^2[(1 - \eta^2)^2 + 4\vartheta^2\eta^2]$$

mit den (positiven) Lösungen

$$\eta_1^2 = 0,9912 \quad \rightarrow \quad \eta_1 = 0,996 \quad \rightarrow \quad \Omega_1 = 12,6\,\frac{1}{s}\,,$$

$$\eta_2^2 = 10,8488 \quad \rightarrow \quad \eta_2 = 3,294 \quad \rightarrow \quad \Omega_2 = 41,7\,\frac{1}{s}\,.$$

Verwendete Formelzeichen

a; a	$\mathrm{m/s^2}$	Beschleunigungsvektor; Bahnbeschleunigung
a_t	$\mathrm{m/s^2}$	Tangentialbeschleunigung;
a_n	$\mathrm{m/s^2}$	Normalbeschleunigung;
A	$\mathrm{m^2}$	Fläche
b	$\mathrm{Ns/m}$	Dämpfungskonstante
$\widehat{C}$	m	Schwingungsamplitude
e_x, e_y, e_z	1	Einheitsvektoren
e_t; e_n	1	Tangenteneinheitsvektor; Normaleneinheitsvektor
E	$\mathrm{N/m^2}$	Elastizitätsmodul
E_kin; E_pot	$\mathrm{J, Nm, kgm^2/s^2}$	kinetische Energie; potentielle Energie
f	1	Freiheitsgrad
f; f_o	$\mathrm{1/s, Hz}$	Frequenz, Eigenfrequenz
F; F; $\widehat{F}$	N	Kraftvektor; Kraft; Kraftamplitude
F_x, F_y, F_z	N	Komponenten eines Kraftvektors
g	$\mathrm{m/s^2}$	Fallbeschleunigung
G	$\mathrm{N/m^2}$	Schubelastizitätsmodul, Gleitmodul
H	N	horizontale Komponente der Seilkraft
i	m	Trägheitsradius
I_{xx}, I_{yy}	$\mathrm{m^4}$	axiale Flächenmomente 2. Grades (axiale Flächenträgheitsmomente)
I_{xy}	$\mathrm{m^4}$	gemischtes Flächenmoment 2. Grades (Deviationsmoment, Zentrifugalmoment)
I_p	$\mathrm{m^4}$	polares Flächenmoment 2. Grades
J_C	$\mathrm{kgm^2, Nms^2}$	Massenmoment 2. Grades (Massenträgheitsmoment)
k	$\mathrm{N/m, Nm}$	Federkonstante, Krafteinflußzahl
$\widehat{K}$	m	Schwingungsamplitude
l	m	Länge, Linie

l_K	m	Knicklänge
L	N	Längskraft
m	kg, Ns^2/m	Masse
$\boldsymbol{M}; M$	Nm	Momentenvektor; Biegemoment, Drehmoment, Moment
M_t	Nm	Torsionsmoment
n	1/min	Drehzahl
$\boldsymbol{p}; p$	kgm/s; Ns	Impulsvektor; Impuls
p	N/m	Linienkraft
P	Nm/s, W	Leistung
q	N/m	Linienkraft
q	m; 1	generalisierte Koordinate
q	m	Verschiebung
Q	N	Querkraft
$\boldsymbol{r}; r$	m	Abstandsvektor, Ortsvektor; Polarkoordinate, Radius
r_x, r_y, r_z	m	Komponenten eines Abstandsvektors
R	m	Radius
s	m	Koordinate, Weg
S	1	Sicherheitsbeiwert
t	s	Zeit
$T; T_o$	s	Schwingungszeit, Umlaufzeit; Eigenschwingungsdauer
T	K	Temperatur
$\hat{u}$	m	Wegamplitude
$\boldsymbol{v}; v$	m/s	Geschwindigkeitsvektor; Bahngeschwindigkeit
V	1	Vergrößerungsfunktion
V	m^3	Volumen
w	m	Verschiebung
W	Nm, J	Arbeit, Formänderungsarbeit
W	m^3	Widerstandsmoment
x, y, z	m	kartesische Koordinaten

α	$1/\mathrm{s}^2$	Winkelbeschleunigung
α	1	Nullphasenwinkel, Phasenverschiebungswinkel
α_l	$\mathrm{m/mK}$	Längenausdehnungskoeffizient
α	1	Richtungswinkel, Umschlingungswinkel
β	1	Nullphasenwinkel, Richtungswinkel
γ	1	Richtungswinkel
δ	$1/\mathrm{s}$	Abklingkoeffizient
ε	1	Längsdehnung
η	1	Abstimmungsverhältnis, dimensionslose Koordinate
ϑ	1	Dämpfungsgrad
λ	1	Schlankheitsgrad
Λ	1	logarithmisches Dekrement
μ	1	Gleitreibungszahl
μ_o	1	Haftreibungszahl
ν	1	Querdehnungszahl
ξ	1	dimensionslose Koordinate
ϱ	$\mathrm{kg/m}^3$	Dichte
σ	$\mathrm{N/m}^2$	Längsspannung, Normalspannung
τ	$\mathrm{N/m}^2$	Schubspannung, Tangentialspannung
φ	1	Verdrehungswinkel, Drehwinkel; Polarkoordinate
ψ	1	Nullphasenwinkel, Phasenverschiebungswinkel
$\boldsymbol{\omega}; \omega$	$1/\mathrm{s}$	Vektor der Winkelgeschwindigkeit; Winkelgeschwindigkeit
$\omega, \omega_d; \omega_o$	$1/\mathrm{s}$	Kreisfrequenz; Eigenkreisfrequenz
Ω	$1/\mathrm{s}$	Erregerkreisfrequenz

Literatur

[1] FRANECK, H.: Starthilfe Technische Mechanik.

Stuttgart · Leipzig: Teubner-Verlag 1996.

SCHIROTZEK, W.; SCHOLZ, S.: Starthilfe Mathematik.

Stuttgart · Leipzig: Teubner-Verlag 1999.

STOLZ, W.: Starthilfe Physik.

Stuttgart · Leipzig: Teubner-Verlag 1998.

DANKERT, H.; DANKERT, J.: Technische Mechanik (computerunterstützt).

Stuttgart: Teubner-Verlag 1995.

GÖLDNER, H.; HOLZWEISSIG, F.: Leitfaden der Technischen Mechanik.

Leipzig: Fachbuchverlag 1980.

HOLZMANN, G.; MEYER, H.; SCHUMPICH, G.: Technische Mechanik, 1 – 3.

Stuttgart: Teubner-Verlag 1990 – 1991.

MAGNUS, K.; MÜLLER, H.H.: Grundlagen der Technischen Mechanik.

Stuttgart: Teubner-Verlag 1990.

BRUHNS, O.: Aufgabensammlung Technische Mechanik, 1 – 2.

Braunschweig/Wiesbaden: Friedr. Vieweg & Sohn 1997.

HAGEDORN, P.: Aufgabensammlung Technische Mechanik.

Teubner Studienbücher Mechanik. Stuttgart: Teubner-Verlag 1992.

MAYR, M.: Mechanik Training (Übungsbeispiele und Prüfungsaufgaben).

München · Wien: Carl Hanser Verlag 1996.

RITTINGHAUS, H.; MOTZ, H.D.: Mechanik-Aufgaben, 1 – 2.

Düsseldorf: VDI-Verlag 1990.

WEIDEMANN, H.-J.; PFEIFFER, F.: Technische Mechanik in Formeln,

Aufgaben und Lösungen. Stuttgart: Teubner-Verlag 1995.